全国普通高等学校风景园林专业精品教材

居住区
景观规划设计（修订版）

汪辉　吕康芝　编著

江苏凤凰科学技术出版社 · 南京

图书在版编目（CIP）数据

居住区景观规划设计 / 汪辉，吕康芝编著 . -- 修订
本 . -- 南京：江苏凤凰科学技术出版社，2022.1
ISBN 978-7-5713-2445-2

Ⅰ . ①居… Ⅱ . ①汪… ②吕… Ⅲ . ①居住区－景观
设计 Ⅳ . ① TU984.12

中国版本图书馆 CIP 数据核字 (2021) 第 200234 号

居住区景观规划设计（修订版）

编　　　著	汪　辉　吕康芝	
项 目 策 划	凤凰空间/杨　琦	
责 任 编 辑	赵　研　刘屹立	
特 约 编 辑	杨　琦	

出 版 发 行	江苏凤凰科学技术出版社
出版社地址	南京市湖南路1号A楼，邮编：210009
出版社网址	http://www.pspress.cn
总 经 销	天津凤凰空间文化传媒有限公司
总经销网址	http://www.ifengspace.cn
印　　　刷	北京博海升彩色印刷有限公司

开　　　本	710 mm×1 000 mm　1/16
印　　　张	19
字　　　数	400 000
版　　　次	2022年1月第1版
印　　　次	2022年1月第1次印刷

标 准 书 号	ISBN 978-7-5713-2445-2
定　　　价	96.00元

图书如有印装质量问题，可随时向销售部调换（电话：022-87893668）。

前 言

居住是人们最基本的需求之一，居住区正是满足该需求的载体。居住区景观作为居住区的外环境，是与人们日常生活接触最紧密的、最频繁的园林景观类型，其景观品质直接影响到人们的日常生活质量。随着人们生活水平的提高以及房地产行业日益繁荣，无论是小区居民还是房地产开发商都对居住区景观品质提出了更高的要求。在这样的背景下，居住区景观规划设计成为当前园林规划设计中的重要内容，也是风景园林学科关注的热点之一。

本书详尽地介绍了居住区景观设计的方法与技巧，它既是初学者的学习用书，也是一本实用的参考手册及设计素材汇集。本书在编写中注重以下特色：

（1）编排内容全面，使初学者能够了解居住区景观规划设计的全貌及各个环节。编排思路上采用"整体—局部—细部"的结构，先对居住区景观进行概述，然后详细介绍居住区景观规划设计整个流程与方案设计的方法，紧接着对各类居住区场地景观及各景观构成元素的设计进行详述，最后理论与实践结合，分析典型案例，进行总结。

（2）注重结合居住区景观规划设计的实际工作需要，除对居住区景观设计方法本身进行介绍外，还介绍了初学者应该了解的诸多与设计相关的其他重要内容。例如本书在对居住区景观设计介绍前，首先概述了居住区总体规划的基本要求，使初学者在做景观设计之前对居住区本身有所了解；对景观设计相关法规进行了梳理，使初学者明白设计不是天马行空，而是受法规制约的；对相关设计标准图集加以介绍，使初学者在进行详细设计时有参考依据；对景观设计后期服务阶段工作的介绍，让初学者明白图纸工作结束并不代表设计工作的结束；对如何承接项目、设计合同的签订、如何汇报方案、设计团队工作的组织与分工等进行了介绍，使初学者在学习设计方法的同时，也能尽快地与实际工作相衔接。

（3）注重工程实务，以解决实际问题为主。书中介绍的诸多内容来自作者十余年来工作中的居住区景观设计经验，运用到实际工程中可以很好地提高工作质量与效率。例如，第2.1.2节中建立工程档案的方法，第2.2.3节中施工图图纸目录编排方法，第3.2.1节中如何制作一张园林景观设计依据总平面图等内容。

（4）以丰富的案例为支撑，梳理与总结了众多实际工程，实践性强。本书第2~4章中大部分内容都是通过具体的案例来说明设计的方法。在最后一章案例分析中，选取了不同类型的案例并进行了针对性的设计内容介绍。如案例 1 镇江驸马山庄小区景观，重点介绍景观与前期小区总体规划的互动以及景观策划；案例 2 扬州湖畔御景园小区景观，重点介绍了中式风格景观的设计构思与方法；之后的案例均为建成项目，案例 3 ~ 案例 5 介绍了现代风格与欧式风格的居住区景观设计；案例 6 介绍了目前我国居住区景观规划设计中重要的课题之一——保障性住房的景观设计。

（5）图文并茂，以图来说明问题。设计的成果最终都要落实到图面表达上，本书中大量的插图也给读者提供了诸多的设计素材。

本书的作者来自园林规划设计实践与教学工作的第一线，并在其中积累了大量经验，本书正是其对这些多年经验的梳理和总结，书中各章节所选的工程案例均为作者主持的项目。在成书的过程中，大千生态景观股份有限公司总工程师李晓军、东南大学建筑学博士汪松陵、云南实力集团副总裁王星等作者好友为本书提出了诸多中肯的建议，并对书中个别案例提供了帮助，作者的研究生刘然（第 1 章）、张艳（第 2 ~ 3 章）、欧阳秋与刘小凤（第 4 ~ 5 章）、沈天弛（第 5.9 节）、赵国洪（第 6 章）参加了书中的文字与图片资料整理工作，在此作者向上述各位好友、学生以及本书参考文献的作者致以深深的谢意！

由于时间仓促，加之作者水平有限，书中难免出现错漏或不妥之处，希望广大读者和同行们指正。

汪辉

2021 年 5 月

目 录

第1章 居住区与居住区景观概述

- 居住区概述
- 居住区景观概述
- 居住区景观规划设计的相关法规及标准图集

居住是人类生存的基本需求之一。1933年，国际现代建筑协会（CIAM）通过的《雅典宪章》把居住作为城市规划四大功能活动之首。居住区是随着社会的不断发展而产生的，它从里坊、巷、邻里单位、居住小区发展到综合社区。居住区作为居民依托的生存空间，承担着服务社区居民日常生活的责任，同时又肩负着培养居民对基本生存空间共同情感的精神功能。因此，居住区不仅要有完善的物质生活支持系统，还应有丰富多彩的、供情感交流沟通的精神生活空间环境。

居住区景观设计的实质是对居住区户外空间环境的设计。扬·盖尔在著名的《交往与空间》一书中指出："尽管物质环境的构成对社会交往的质量、内容和强度没有直接影响，但规划人员能影响人们相遇以及观察和倾听他人的机遇。"居住区景观环境是居民走向户外和接触自然最便捷的场所和途径。城市中虽然有一系列完善的公共园林体系或户外活动场所，而且随着城市交通系统的发展，人们走向郊野进入真正的大自然也越来越方便，但是对居住区内居民的日常生活稍加考察即可发现，城市公共园林系统及郊外的自然环境都不可能真正解决居民日常户外生活的需要。在日常的工作和生活中，多数居民都没有大量的闲暇时间去使用公园、绿化广场等公共园林场所，更不用说远达郊外。因此，居住区园林环境在居民的户外生活中就具有不可替代的特殊作用。

过去，人们一般把注意力集中在住宅内部居住条件的改善上，但是如今，随着经济发展水平的不断提高，人们已经不满足于单纯地对住宅内部提出要求，而是更多地去关注居住空间所在的外部环境。于是房地产开发过程中，为了获取最大的经济效益而尽可能提升小区品质，居住区户外空间环境被置于举足轻重的地位。正是基于这样的背景条件，居住区景观规划设计逐渐成为风景园林设计工作中任务量较多的项目类型，并受到了政府、地产商以及设计师等相关人员的高度重视。近年来所涌现出的一批优秀的居住区项目，充分考虑了当前人们对居住环境的需要，在利用地形、增大绿地面积和公共活动空间等方面进行了有益的探索。

1.1 居住区概述

1.1.1 相关概念

城市居住区：城市中住宅建筑相对集中布局的地区，简称居住区。

居住区按照居民在合理的步行距离内满足基本生活需求的原则，可分为十五分钟生活圈居住区、十分钟生活圈居住区、五分钟生活圈居住区及居住街坊四级。

十五分钟生活圈居住区：以居民步行十五分钟可满足其物质与生活文化需求为原则划分的居住区范围，一般由城市干路或用地边界线所围合，居住人口规模为 50 000 ～ 100 000 人（17 000 ～ 32 000 套住宅），配套设施完善的地区。

十分钟生活圈居住区：以居民步行十分钟可满足其基本物质与生活义化需求为原则划分的居住区范围，一般由城市干路、支路或用地边界线所围合，居住人口规模为 15 000 ～ 25 000 人（5 000 ～ 8 000 套住宅），配套设施齐全的地区。

五分钟生活圈居住区：以居民步行五分钟可满足其基本生活需求为原则划分的居住区范围，一般由支路及以上级城市道路或用地边界线所围合，居住人口规模为 5 000 ～ 12 000 人（1 500 ～ 4 000 套住宅），配建社区服务设施的地区。

居住街坊：由支路等城市道路或用地边界线围合的住宅用地，是住宅建筑组合形成的居住基本单元，居住人口规模在 1 000 ～ 3 000 人（300 ～ 1 000 套住宅，用地面积 2 ～ 4 公顷），并配建有便民服务设施。

1.1.2 居住区分类

居住区按性质、位置、住宅层数、组成方式等分类方式可分为如下几种形式（表 1–1）。

表 1–1　居住区分类

分类方式	分类名称	特点
按性质分	新建居住区、改建居住区	新建居住区较易按合理的要求进行规划；改建居住区要在现状基础上进行规划改造，工作较复杂
按位置分	市内居住区、近郊居住区、远郊居住区	三者在居住标准、市政公用设施水平，特别是公共服务设施的项目和数量等方面都有所差别
按住宅层数分	高层居住区、多层居住区、低层居住区、混合层居住区	高层和多层居住区占地面积较小，节约用地；低层居住区占地面积大，一般用地不经济；混合层居住区既节约用地，又能取得丰富的外部空间环境
按组成方式分	单一居住区、综合居住区	单一居住区一般只布置住宅及配套服务设施；综合居住区内设有无害工业或者其他行政、科研等机构，以便居民就近工作

注：资料来源于《建筑设计资料集》。

1.1.3　居住区用地组成

居住区用地：城市居住区的住宅用地、配套设施用地、城市道路用地以及公共绿地的总称。

（1）住宅用地：住宅建筑基底占地及其四周合理间距内的用地（含宅间绿地和宅间小路等）的总称。

（2）配套设施用地：对应居住区分级配套规划建设，并与居住区人口规模或住宅建筑面积规模相匹配的生活服务设施用地。

（3）城市道路用地：居住区道路及非公建配建的居民小汽车、单位通勤车等停放场地。

（4）公共绿地：为居住区配套建设、可供居民游憩或开展体育活动的公园绿地。

1.1.4　居住区规划总体布局结构

居住区总体布局是指对居住区的各功能用地（住宅、公建、道路、公共绿地等），根据居民生活活动的需求所采取的某种形式结构。居住区规划分级结构有居住区 — 居住小区 — 居住组团三级结构，以及居住区—居住小区或居住区—居住组团两级结构。居住组团是构成居住区或小区的基本单元，也可独立设置。

1.1.5　居住区建筑平面布局形态

1）住宅

（1）住宅类型：居住区不同类型的住宅建筑分类及空间特点、景观布局特征如图1—1～图1–4，表1–2所示。

图1-1　高层住区

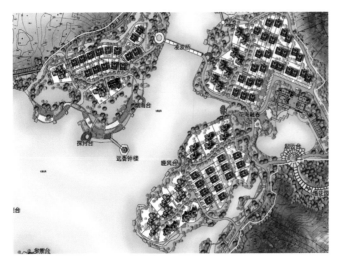

图I-2 低层住区

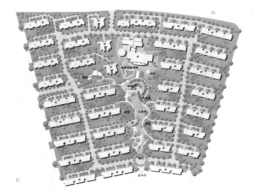

图I-3 多层住区

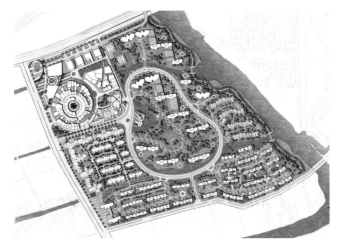

图I-4 综合住区

表 1-2　居住区住宅类型及特点

分类	建筑类型	空间特点	景观布局
高层住区	高层组合单元式	用若干完整的单元组合成建筑物，单元平面一般比较紧凑，户间干扰小，平面形式既可以是整齐的，也可以是较复杂的，形成多种组合形式	采用立体景观和集中景观布局形式。高层住区的景观总体布局可以适当图案化，既要满足居民在近处的观赏审美要求，又需注重居民在居室中向下俯瞰时的景观艺术效果
	高层走廊式	走廊式住宅以走廊作为电梯、楼梯与各个住户之间的联系媒介，数户共用一个走廊，提高了电梯利用效率	
	高层独立单元式	由一个单元独立修建的，也称塔式住宅，它以楼梯、电梯组成的交通中心为核心，将多套住宅组织成一个单元式平面，每套住宅均可形成良好的视野	
多层住区	多层独立单元式	数户围绕一个楼梯枢组布置的单元独立建造的形式，四面临空，可开窗的墙面多，有利于采光通风，其平面布置灵活，易与周围环境协调	采用相对集中、多层次的景观布局形式，保证集中景观空间合理的服务半径，尽可能满足不同年龄结构、不同心理取向的居民群体的景观需求
	多层走廊式	沿着公共走廊布置住户，每层住户较多，楼梯利用率高，户间联系方便，但彼此有干扰	
	多层梯间式	每个单元以楼梯为中心布置住户，这类平面布置紧凑，公共交通面积少，比较安静，也能适应多种气候条件	
低层住区	低层独院式	独院式住宅通常具有一个面积较大的独立庭院空间，住宅四面均可通风采光造景，可布置车库，私密性较好，景观硬件的方式也较为丰富。庭院背后可能是河道、道路、山地等地形	采用较分散的景观布局，使住区景观尽可能接近每户居民，景观的散点布局可结合庭院塑造尺度宜人的半围合空间
	低层并联式	即双拼式别墅，是由两栋住宅并列建造，一般三面可以通风和造景，也可布置车库，面积比独院式住宅小	
	低层联排式	即联排式别墅，它是由一栋栋住宅相互连接建造，占地规模较小，可布置车库，也可不布置	
综合住区	多种建筑类型相结合的形式	通常情况下外围为高层、多层建筑，中心为低层建筑	依据居住区总体规划建筑形式选用合理的布局形式

注：资料来源于《城市规划资料集》第七分册《城市居住区规划》。

（2）布局形式。 住宅组群平面布置的基本形式有：行列式、周边式、混合式、自由式。

①行列式：条式单元住宅或联排式单元住宅按一定朝向或间距成排布置，使每户都能获得良好的日照、通风条件，便于布置道路管网，方便施工。整齐地排列在平面构图上有强烈的规律性，但形成的空间往往比较呆板，如果能在排列布置过程中避免兵营式的布置方式，仍可达到良好的景观效果（表1-3）。

表1-3 居住区布局形式——行列式

序号	布置手法		实例
1	基本形式		—
2	山墙错落	前后交错	北京龙潭小区
		左右交错	广州石化厂居住区
		前后左右交错	上海曹杨新区居住区
3	单元错开拼接	不等长拼接	上海曲阳新村居住区
		等长拼接	常州清潭小区住宅组
		成组改变朝向	天津王顶堤居住区

注：资料来源于《居住区详细规划》。

②周边式：住宅沿街坊或院落周边布置，形成封闭或半封闭的内院空间，院内安静、方便，有利于布置室外活动场地、小型公建等居民活动场所，一般比较适于寒冷、多风沙地区。周边式布置住宅有利于节约用地，提高居住建筑密度，但部分住宅朝向较差，在地形起伏较大的地段会造成较大的土方工程量（表1-4）。

表1-4 居住区布局形式——周边式

序号	布置手法	实例
1	单周边	长春第一汽车厂居住区
2	双周边	北京百万庄居住区
3	自由周边	瑞典艾兰波巴肯居住区

注：资料来源于《居住区详细规划》。

③混合式：行列式和周边式两种形式的结合，最常见的是以行列式为主，以少量住宅或公共建筑沿道路或院落周边布置，形成半开敞式院落（表1-5）。

表1-5 居住区布局形式——混合式

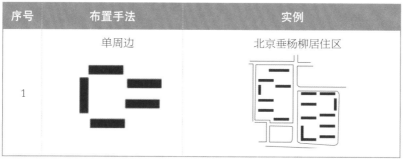

序号	布置手法	实例
1	单周边	北京垂杨柳居住区

注：资料来源于《居住区详细规划》。

④自由式：建筑结合地形，在满足日照、通风等前提下成组灵活地布置，一般在丘陵、水网密布地区或在城市的复杂地区采用（表1-6）。

表1-6 居住区布局形式——自由式

序号	布置手法	实例
1	散立 	重庆华一坡居住区 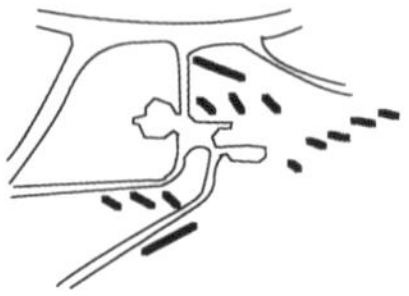
2	曲线形 	法国卢丹城小区 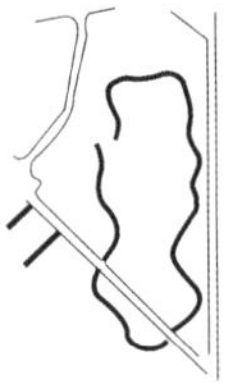
3	曲尺形 	瑞典斯德哥尔摩某小区 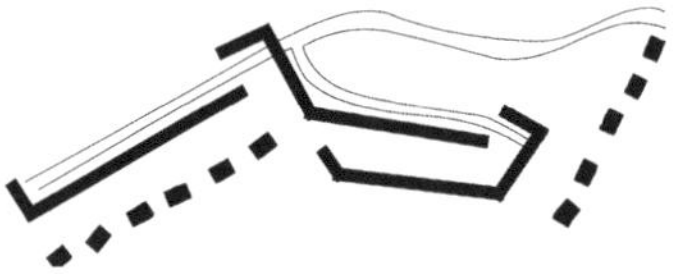
4	折线形 	俄罗斯莫斯科东方一号小区 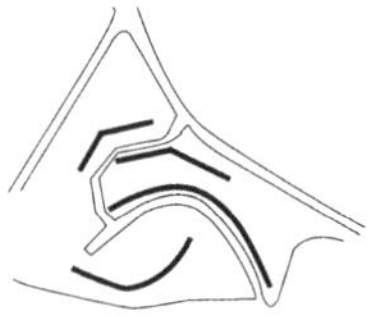

注：资料来源于《居住区详细规划》。

2）公共建筑

（1）沿街布置：这种布置方式按照具体情况可以分成沿街双侧布置和沿街单侧布置，在街道不宽、交通量不大且较安全时，可以沿街布置。这种布置方式较易形成热闹的气氛。

（2）成片布置：公共建筑形成一个建筑群，以广场型、院落型、混合型等多种形式进行布局。

（3）混合布置：有些公共建筑呈现出沿街布置和成片布置相结合的形式。

（4）集约化布置：居住区公共设施除上述平面规划布置形式外，还有集约化空间布置形式，有利于提高土地利用率、节地节能、组织交通和物业管理等。

1.2 | 居住区景观概述

1.2.1　相关概念

广义上的居住区景观是指在居住区总体规划的基础上，基于对自然和人文的认识，通过协调人与环境的关系，对居住区的自然生态系统、居民生活系统及包括住宅建筑在内的所有视觉对象进行总体布局与调和。

本书所探讨的居住区景观指的是住宅区中主体建筑以外的开敞空间及一切自然的与人工的物质实体。自然的物质实体包括地形、土壤、植物、水等，人工的物质实体包括道路、室外平台、广场、小品等设施。

1.2.2　居住区景观规划设计的内容

住建部发布的《居住区环境景观设计导则》规定，依据居住区的居住功能特点和环境景观组成，将景观规划设计的内容分为 9 个分类：绿化种植景观、道路景观、场所景观、硬质景观、水景景观、庇护性景观、模拟化景观、高视点景观、照明景观，这 9 个分类景观分属于功能类、园艺类、表象类 3 种设计元素 (表 1–7)。

表 1–7　居住区景观环境分类

序号	设计分类	设计元素		
		功能类元素	园艺类元素	表象类元素
1	绿化种植景观	—	植物配置、宅旁绿化、隔离绿地、架空层绿地、平台绿地、屋顶绿地、绿篱设置、古树保护名目	—
2	道路景观	机动车道、步行道、路缘、车挡、缆柱	—	—
3	场所景观	健身运动场、游乐场、休闲广场	—	—
4	硬质景观	便民设施、信息标志、栏杆扶手、围栏栅栏、挡土墙、坡道、台阶、种植容器、入口造型	雕塑小品	—
5	水景景观	自然水景（驳岸、景观桥、栈道）、泳池水景、景观用水	庭院水景（瀑布、溪流、跌水、生态水池、涉水池）、装饰水景（喷泉、倒影池）	—
6	庇护性景观	亭、廊、棚架、膜结构	—	—
7	模拟化景观	—	假山、假石、人造树木、人造草坪、枯水	—

序号	设计分类	设计元素		
		功能类元素	园艺类元素	表象类元素
8	高视点景观	—	—	图案、色块、屋顶、色彩、层次、密度、阴影、轮廓
9	照明景观	车行照明、人行照明、场地照明、安全照明	—	特写照明、装饰照明

注：资料来源于《居住区环境景观设计导则》。

1.2.3 居住区景观的一般特征

居住区景观环境主要服务于小区居民，居住区景观空间并非独立的空间形态，而是小区建筑围合而成的空间形态，因此，相对于其他园林景观，居住区景观有其自身的共性特征。

（1）与建筑相互协调。在居住区景观环境设计中，所有室外空间的设计都应围绕主体建筑来考虑。它们的尺度、比例、色彩、质感、形体、风格等都应与主体建筑相协调。只有当两者的物质构成形式与精神构成形式形成有机的统一状态时，住宅的景观环境设计才能达到整体的和谐美。建筑应该融入环境中，使得建筑变成环境中的一部分。同时，外部环境的景观也可以融入建筑内部，从而使两者成为不可分割的有机整体。

（2）以满足住区室外活动功能需求为本。居住区景观设计是一种"以人为本"的设计，因此，首先要考虑满足人在物质层面上对于实用和舒适程度的要求。所有附属于建筑的设施必须具备相应的齐全的使用功能，环境的布局要考虑人的方便与安全，只有这样的设计才有价值、有实际意义。

（3）居住区景观是和居民日常生活接触最紧密的一种景观形式，现代居住区景观环境的设计，必须对社区居民各种形式的日常生活活动予以极大关注，景观设计的目的即是为了营造一个舒适与方便的居住环境。

（4）居住区景观设计强调生活气息，多营造环境氛围亲切的小尺度场地。

（5）居住区景观设计受场地条件限制相对较多，包括地下管线、地库顶板上的覆土厚度、消防等诸多因素都会对设计造成影响，在设计过程中需要同相关专业人员协调。

1.2.4 我国居住区景观规划设计的发展

我国居住区景观规划设计源于20世纪50年代初期，当时风景园林专业在我国还没有起步，居住区景观被简单地认为是绿化，在规划中往往被看作是建筑的附属品，不被重视。随着我国经济的高速发展和房地产市场的不断成熟，居住区景观环境越来越受到关注，相继出现众多设计理念，但更多基于经济与政治的考虑，缺乏人文关怀。而后在全球生态浪潮的影响下，人们对居住环境有了更深的认识，追求更高品质的生态景观。因此，地产营销也从单纯的卖楼盘转向更多地关注景观与文化，以创造健康、舒适、优美的居住环境作为房地产市场竞争中的卖点，居住区景观规划设计进入高速发展期，并日趋成熟（表1-8）。

表1-8 我国居住区景观规划设计发展历史

发展阶段	居住区环境特点	典型案例
启蒙阶段 （20世纪50—70年代）	①照搬苏联居住环境模式，形成"居住区—居住小区—组团"分级规划结构； ②建筑多采用封闭式行列布局； ③无景观设计概念，住区环境设计以"绿化+小品"为主	北京百万庄小区、上海曹杨新村
起步阶段 （20世纪80年代）	①发展为"居住区—居住小区—组团—院落"分级规划结构； ②建筑多采取传统行列式布局，高层较少； ③住宅规划受计划经济影响，多为单位大院，商品房少； ④受住房制度改革影响，开始关注居住区景观环境质量，以"绿化+小品+活动场地"为主	万科怡景花园、南京莫愁新寓
发展时期 （20世纪90年代）	①规划突破行列式的束缚，追求庭院空间形态的丰富，向自由式布局发展； ②建筑风格多样，高层较多； ③人车分流等概念引入居住区规划； ④重视景观设计，重观赏，轻实用	中海华庭小区、万科城市花园
成熟时期 （21世纪）	①注重整体策划，主题贯穿始终，规划、建筑、景观多学科交叉配合； ②建筑风格服务于主题，多元化发展； ③景观注重烘托主题情境，风格倾向实用、健康、休闲，全方位、立体化发展	万科金域蓝湾、广州番禺星河湾

注：资料来源于《居住区景观规划设计的发展演变》，费卫东，《华中建筑》2010年第8期。

1.2.5 居住区流行景观风格介绍

现在的居住区景观多依据建筑的风格对室外景观进行设计。目前，我国居住区楼盘景观的风格多样，以下对较为流行的景观风格进行简要介绍。

1）现代简约风格

现代简约风格是在现代主义的基础上进行简约化处理，更突出现代主义中"少即是多"的理论。以硬景为主，多用树阵点缀其中，形成人流活动空间，突出交接节点的局部处理，对施工工艺要求较高。该风格景观大胆地利用色彩进行对比，主要通过使用新的装饰材料，加入简单抽象的元素，景观的构图灵活简单，色彩的强烈对比，以突出新鲜和时尚的超前感。

简洁和实用是现代简约风格的基本特点。简约的设计手法就是要求用简要概括的手法，突出景观的本质特征，减少不必要的装饰和拖泥带水的表达方式。其主要表现为以下方面：

一是设计方法的简约，要求对场地进行认真研究，以最小的改变取得最大的成效；二是表现手法的简约，要求简明和概括，以最少的景物表现最主要的景观特征；三是设计目标的简约，要求充分了解并顺应场地的文脉、肌理、特性，尽量减少对原有景观的人为干扰（图1-5）。

图1-5　现代简约风格

2）中式风格

（1）传统中式风格：

传统中式风格园林是在现代建筑规划的基础上，将中国传统园林造园手法应用于居住区景观设计中，在有限的空间范围内利用自然条件，模拟大自然中的美景，把建筑、山水、植物有机地融为一体，采用障景、借景、仰视、延长和增加园林起伏等方法，利用大小、高低、曲直、虚实等对比达到扩大空间感的目的。完整保留传统园林中的形式，营造出典雅、传统、充满文化气息的小区环境（图1-6）。

图1-6 传统中式风格

（2）现代中式风格：

现代中式景观又称为新中式景观，是以现代时尚元素表达中国传统文化的新景观。它利用现代设计语言和材料，在现代空间中对传统的构件和符号进行提炼和再生，展现中国历史悠久的传统文化。它摒弃传统景观设计中华而不实的部分，继承和凝练唯美的古典情韵，使用更加简洁的现代工艺，并结合实际环境，打造出传统文化与时代气息并存的景观空间。新中式景观是传统与现代设计艺术的交融，既满足人们对于传统文化的向往，又符合当今社会的审美观念和生活需求（图1-7）。

图1-7 现代中式风格

3）欧式风格

　　欧式风格整体上给人以大气、奢华的感觉，按不同的地域文化可分为北欧、简欧和传统欧式。意大利、法国、英国、德国、荷兰、西班牙等欧洲国家都有鲜明的风格表现，它们在形式上以浪漫主义为基础，整体风格豪华、富丽、充满强烈的动感效果（图1-8）。

图1-8　欧式风格

4）东南亚风格

东南亚风格利用多层屋顶，高耸的塔尖、木雕、金箔、瓷器、彩色玻璃、珍珠等镶嵌装饰，宗教题材雕塑，泰式凉亭，茂盛的热带植物等元素，打造具有热带度假风情的居住环境。东南亚风格对材料的运用很有特色，具有代表性的如黄木纹理、青石板、鹅卵石、麻石等，十分接近真正的大自然。它继承自然健康和休闲的特质，大到空间打造，小到细节装饰，都体现了对自然的尊重和对手工艺制作的崇尚。颜色主要以宗教色彩浓郁的深色系为主，如深棕色、黑色、褐色、金色等，给人沉稳大气的感觉，同时还有鲜艳的陶红色和庙黄色等；另外受西式设计风格影响后，浅色系也比较常见，如珍珠色、奶白色等（图1-9）。

图1-9 东南亚风格

5）混搭风格

所谓混搭风格就是折中主义风格，是指选取几种不同居住区设计风格中的元素进行融合，相互之间进行搭配，使之协调统一。折中主义是在古典主义的基础上发展而来，是对古典元素的选取和重新组合的过程。因此，组合中十分重视构图的和谐，尊重古典形式的比例关系，讲究比例权衡与推敲，以达到古典元素的协调和均衡。折中主义在居住区景观设计上并不追求风格形式上的创新，而是对古典形式的重新组合运用，因此在设计手法上以套用、模仿等手段为主，混合使用不同的风格元素。折中主义风格的表现并不是盲目地抓取景观元素，也不是胡乱拼凑组合，而是希望通过理性的思考和抉择来创造出适合需要的景观风格，在创作过程中注重兼收并蓄（图1-10）。

图1-10 混搭风格

1.3 居住区景观规划设计的相关法规及标准

　　国家及地方有关部门为规范风景园林规划设计制定了相关的法规，在进行居住区景观规划设计时需遵照执行。另外，相关部门还制定了一些有关园林景观设计的标准，在进行居住区景观规划设计时可以加以借鉴与参考。

1.3.1 相关技术标准

　　风景园林规划设计的相关技术标准是风景园林规划设计的依据，风景园林师必须了解、掌握并遵照执行，如《风景园林制图标准》（CJJ/T 67—2015）、《居住区环境景观设计导则》等。其中，与居住区景观规划设计直接相关的国家标准有《城市居住区规划设计标准》（GB 50180—2018）、《城市绿地设计规范》（GB 50420—2007）（2016年版）等。另外，各地在国家性标准的基础上制定了相应的地方设计标准，在居住区景观规划设计中同样需要遵守《居住区绿地设计规范》（DB11/T 214—2016）等设计规范文件。

1）《城市居住区规划设计标准》（GB 50180—2018）

《城市居住区规划设计标准》（GB 50180—2018）以《城市居住区规划设计规范》（GB 50180–93）为主体，分别于 2002 年和 2016 年对 93 版规范局部的条文进行了两次修订形成现标准。该标准适用于城市居住区的规划设计，对相关内容、术语、要求等进行了明确的规定，是进行居住区规划设计时必须遵守的标准。

《城市居住区规划设计标准》（GB 50180—2018）分总则、术语、基本规定、用地与建筑、配套设施、道路、居住环境以及附录等若干章节。其中第 1 章 "总则" 说明了本标准制定的目的和意义、适用范围、城市居住区规划建设应遵循的基本原则等基础性内容；第 2 章对城市居住区、各级生活圈居住区、居住街坊、居住区用地、公共绿地、配套设施、社区服务设施、便民服务设施等若干相关术语进行了明确的定义；第 3 章明确了居住区规划建设应遵循的基本原则，对居住区规划选址必须遵守的安全性原则进行强制性要求，规定了居住区分级控制规模，明确了居住区规划布局应兼顾的安全性要求和应配套规划建设满足居民基本生活的各项设施和绿地，强调了居住区规划建设与历史文化遗产保护的关系，明确了居住区规划建设应遵循低影响开发的基本原则、规划建设应适度开发利用地下空间和规划建设必须执行的相关标准；接下来的四章分别针对用地与建筑、配套设施、道路、居住环境等方面的要求进行了详细明确的规范。

2）《居住区环境景观设计导则》

《居住区环境景观设计导则》（以下简称《导则》）旨在指导设计单位和开发单位的技术人员正确掌握居住区环境景观设计的理念、原则和方法。《导则》对居住区环境设计的原则、居住区环境营造内容、景观设计分类等进行了明确的界定，并详细规定了各景观设计元素的设计要求、方法。

《导则》共分 13 部分，分别是：总则、住区环境的综合营造、景观设计分类、绿化种植景观、道路景观、场所景观、硬质景观、水景景观、庇护性景观、模拟化景观、高视点景观、照明景观、景观绿化种植植物分类选用表。在总则部分，《导则》提出了居住区环境景观设计的五项基本原则，即社会性原则、经济性原则、生态原则、地域性原则和历史性原则，并从规划的角度对居住区相关概念进行了解释，使人们对居住区有一个全局的认识；第 2 章对居住区环境进行了分类，并逐一介绍了营造方法和要求；第 3 章针对居住区景观设计进行了归纳分类，分为绿化种植景观、道路景观、场所景观、硬质景观、水景景观、庇护性景观、模拟化景观、高视点景观、照明景观九大类，并在接下来的几章中对这九大类景观的设计规范及要求进行了详细的规定；在最后一章总结了常用的居住区绿化植物。

《导则》没有拘泥于狭义的 "园林绿化" 概念，而是以景观来塑造人的交往空间形态，突出了 "场所 + 景观" 的设计原则，具有概念明确、简练实用的特点，有助于工程技术人员对居住区环境景观的总体把握和判断。

3）《城市绿地设计规范》（GB 50420—2007）（2016 年版）

《城市绿地设计规范》《GB 50420—2007）（2016 年版）主要针对城市公园绿地、生产绿地、防护绿地、附属绿地以及其他绿地等类型，对其竖向设计，种植设计，道路、桥梁，园林建筑、园林小品，给水、排水及电气等园林要素进行了详细的规定。居住区绿地作为规范中的附属绿地的组成部分，该规范对居住区景观规划同样具有指导意义。

《城市绿地设计规范》（GB 50420—2007）（2016年版）分为总则、术语、基本规定、竖向设计、种植设计、道路桥梁设计、园林建筑小品设计以及给排水、电气设计等章节，前三章对城市绿地设计相关概念术语、基本规定进行了明确的定义，随后几章分别从各自领域规定了城市绿地设计所涉及的要求和标准。设计师在进行城市绿地设计时需严格遵守该规范。

1.3.2　相关标准图集

园林景观规划设计相关的标准图集提供了代表性、示范性的工程做法及图示方法，是从事居住区景观规划设计工作的必备参阅工具书，其包括全国性标准图集及地方标准图集两类。比较常用的标准图集有：《建筑场地园林景观设计深度及图样》（06SJ805）、《室外工程》（12J003）、《环境景观——室外工程细部构造》（15J012–1）、《环境景观——绿化种植设计》（03J012–2）、《环境景观——亭廊架之一》（04J012–3）、《环境景观—— 滨水工程》（10J012–4）、《围墙大门》（15J001）、《挡土墙（重力式 衡重式 悬臂式）》（17J008）。地方标准图集有：中南地区图集《园林绿化工程附属设施 》（11ZJ902）、浙江省图集《园林桌凳标准图集》（99浙J27 ）等。

第2章 居住区景观规划设计的程序

- 规划设计的前期工作阶段
- 规划设计阶段
- 后期服务阶段

一般来说，居住区景观规划设计程序可以分为规划设计前期工作阶段、规划设计阶段、后期服务阶段三个部分。

2.1 规划设计的前期工作阶段

规划设计的前期工作内容包括：参与设计任务的承接；了解并掌握各种外部条件和客观情况的资料；现场进行调研，收集信息；明确该工程的性质、甲方的要求、投资规模以及使用特点并制订设计任务计划等。

2.1.1 会见客户与签订合同

1）概述

会见客户是进行居住区景观规划设计的首要环节，是设计师与客户进行沟通交流、互相加深了解的一个过程。会见客户的过程愉快与否，关系到设计师（设计单位）能否与客户进行合作。由于居住区的投资规模一般较大，设计费用较高，客户在选择设计机构方面一般也比较谨慎。对于较大项目，甲方会采取公开招投标的方式，此外，也会采用直接委托设计单位进行设计。因而，会见客户异常重要。

甲方在选择有意向的委托单位时，一般会考虑以下一些因素。

（1）设计单位的资质。在业界，设计单位资质一般有甲、乙、丙三级。

甲级：承担行业建筑工程项目主体工程及其配套工程的设计业务，其项目规模不受限制。

乙级：承担本行业中、小型建设工程项目的主体工程及其配套工程的设计业务。

丙级：承担本行业小型建设项目的工程设计业务。

（2）设计师的影响力。近些年来，国内涌现出一批有卓越成绩的设计师，有知名设计师的参与，更能让企业信服。

（3）设计单位的运营状况。客户在选定对象之前，都倾向于先了解该设计单位之前做过哪些业界较有影响力的设计作品，做过哪些成功的工程案例，甚至有些客户要求设计单位安排实地考察这些案例。通过这些信息的了解，客户对设计单位有了大致的认识，才会找上门去，进一步洽谈相关合作事宜。

2）与潜在客户初次接触

在正式会见客户前，甲方可能会主动向设计单位咨询。在接受咨询时，设计单位必须做到以下几点。

（1）热情。约定见面的地方可能是甲方选定的，也可能是设计单位选定的，无论是哪里，设计单位都必须指派相关的专业人员和公司负责人到场。有专业人员在场，可以对项目中的一些专业问题进行解答，有负责人在场，可以敲定项目中的一些管理、人员等需要决策的问题。会见客户时，要准时，不要迟到，以免给客户留下拖拉的印象。见面时，需要充分展示设计单位对该项目的热情度和希望合作的愿望。

（2）专业。无论甲方之前是否对该单位有所了解，在接受客户咨询时，都必须将设计单位的概况介绍清楚，如设计单位成立的时间、公司资质、已完成的设计和施工项目等。整个过程都力求体现公司的专业性。

（3）耐心。在客户介绍项目情况时，设计单位人员需要耐心倾听。在客户对本项目或其他事情进行咨询时，需要耐心回答，打消客户各方面的疑虑，以增加双方合作的可能性。在与潜在客户接触的过程中，需要努力营造愉快的谈话氛围，以促成进一步见面和合作的机会。

3）会见客户

（1）预约。

①选择时间。要对双方的时间进行协调，选择一个彼此都比较方便的时间进行，但要以尊重客户为前提。

②选择地点。选择的地点可以是甲方的工作场所、乙方的设计场所或者是会所及其他地点，尽量根据客户的要求进行。

（2）准备。

①衣着形象。由于见面比较正式，设计单位方面需要选派首次洽谈的设计师和负责人。选派的人员要保持一个良好的形象，衣着要端庄大方。

②记事本。会见客户时，需要认真记录客户的意见、建议等。一方面可以表现出对客户意见、建议的尊重，另一方面可以作为项目资料的补充。

③作品集。通过先前的接触，客户对设计单位的情况已经有大致的了解，但信息还不够全面。指派的设计师可以带上公司作品集或者是设计师个人的作品宣传册，为方便客户对公司或个人进行了解，还可以向客户推荐公司的网站。

④笔记本电脑。设计方需要自带笔记本电脑。洽谈项目或是展示作品时，可以用电脑进行播放；此外也可以防止因 U 盘等移动存储出现故障，而造成后续工作无法完成。

⑤照相机。有些客户可能会带设计师到现场，带上照相机以备不时之需。

⑥合同。无论正式会面能不能把合同签下来都要将其带上。合同上诸如费用、服务项目等服务条款和协议及其他细节，可以在这个阶段让对方充分了解并与之协商。

⑦名片。名片需要在初次见面时递交，以使对方能够熟悉洽谈对象。此外，名片上有公司和个人的信息，还能为企业和个人进行宣传。

（3）会面。会面是会见客户的重要过程。在会谈过程中，需要注意以下几点：

①提前到场。会见客户时，千万不能迟到，迟到会破坏客户对设计单位、设计师的印象，甚至打消客户与设计单位进行合作的意向和计划。如果确实由于某些原因无法及时赶到，需要提前通知对方，以免打乱客户的工作计划。

②闲聊。在交谈艺术当中，单刀直入的做法稍欠妥当。中国人喜欢寒暄，在开始之前，可以与参会的客户或相关人员先进行交谈，聊一些项目之外的话题，营造较为轻松的氛围，谋求某种程度的共鸣和相互认同感，进一步拉近双方的距离。

③项目协商。

a. 倾听。项目协商开始之前，客户会正式介绍项目的情况及要求，包括定位、预算和设计的预期效果等。切忌多次打断客户的介绍，一则可以清楚、完整地了解客户的意图，二则也充分显示对其的尊重。在倾听过程中，可以记录客户表述的重点和细节。

b. 交流项目。客户发言完毕，设计师可以就客户的发言或自己的体会来阐述相应的理念和构思。其中可以适当结合本单位或个人的一些特点及成功案例进行阐述。在交谈过程中，一定要遵循客户至上的原则，尽可能满足客户的要求，不要背离或批判客户的要求。但如果客户提出的一些目标和要求确实在现有条件下很难实现时，可以礼貌地向客户提出意见和建议，以免造成沟通的不愉快。设计师切忌将自己的观点和意见强加于客户。因为有些居住区的项目工程复杂、耗资巨大，需要对各方面的因素进行综合考虑。

c.经费问题。如果会谈进行得顺利，就可以初步讨论设计费用、工程造价等方面的问题。这方面需要根据市场价初步进行估算，具体细节等情况可以约定下次会面时商定。

4）形成设计服务计划

在会谈顺利的情况下，可以与甲方形成服务计划。服务计划的内容一般包括项目分成哪几个阶段及各阶段需要完成的内容等。例如，设计阶段分成设计概念、方案阶段、扩初设计阶段、施工图阶段，每个阶段需要的工作日或提交时间；付款阶段按照整个设计项目分成几次付款，每次付款的时间、数额等。

5）景观设计合同

在会见客户阶段，有些商谈的细节只是停留在口头约定上，那么下面的阶段需要对相关的协议内容做进一步的深入、规范并形成合约。合约可以在之前的合同范本和服务计划的基础上，并参照《中华人民共和国合同法》《建设工程勘测设计合同条例》进行撰写。

附合同范本。

景 观 设 计 合 同

项目名称：_____

项目地点：_____

委 托 方：_____

承 接 方：_____

景观设计合同

委托方（甲方）：

承接方（乙方）：

甲方委托乙方承担_____景观设计，经双方协商一致，签订本合同。

第一条：本合同设计内容

1.1　乙方设计范围

景观总面积_____平方米。

①计算依据：甲方提供的规划总平面图电子文件数据。

②设计方法：景观总面积＝总用地面积－（建筑总占地面积＋建筑规划车行道路面积）。

③如实际景观总面积超出本合同所列景观总面积 2% 以上（含 2%），甲方应按___元／m^2 的单价支付乙方多出面积的设计费用。

1.2　乙方设计内容

①景观总体平面规划。

②景观总体竖向设计。

③景观建筑设计：景亭、景桥、廊架、平台、景墙等。

④景观构筑物设计：驳岸、台阶、看台、花坛。

⑤景观道路设计：游步道。

⑥景观场地设计：景观广场。

⑦景观水景设计。

⑧种植设计。

⑨景观电系统设计。

⑩景观水系统设计。

1.3　设计深度：

从方案设计阶段到施工图设计阶段。

第二条：设计阶段及成果

2.1　第一阶段：前期准备工作

2.1.1　工作内容：

①现场踏勘及调研。

②收集和整理设计所需资料。

③充分领会甲方意图，认真研究甲方设计任务书。

④组织设计小组，做出设计计划，确定设计周期。

⑤此阶段用时____工作日。

2.1.2 本合同有效期自合同签订，收到甲方预付款之日起计算。

2.2 第二阶段：方案设计

2.2.1 方案成果提交：（提交图板一套、A3图册两套、电子文件一份）

设计说明、彩色总平面图、线框图、功能布局图、竖向规划图、道路交通布置图、局部景区放大图、主要景区剖面示意图及图片示意图，并提出经济技术指标。

2.2.2 此阶段用时____工作日。

自准备工作完成并收到甲方提供的方案设计所需资料之日起计算。

2.3 第三阶段：扩初设计

2.3.1 设计成果：（提交A3图纸两套）

初步设计说明、总平面图、竖向设计图、局部放大平面图、景观小品方案图、种植规划设计图、主要景点植物配置方案图、水电平面规划图。

2.3.2 开始工作前提条件：收到甲方对方案设计的确认书和方案设计阶段的全额设计费用及初步设计阶段所需资料。

2.3.3 此阶段用时____工作日。

2.4 第四阶段：施工图设计

2.4.1 设计成果：（提供蓝图八份、电子文件一份、电子文件中不含详图）

图纸目录、施工说明、总平面图、索引图、分区平面图、放线图、竖向图、道路广场铺装图、景观小品详图、节点详图、种植详图及苗木表、景观水施工图、景观电施工图。

2.4.2 开始工作前提条件：收到甲方对扩初设计的确认书、收到扩初设计阶段的全额设计费用和收到施工图设计阶段所需资料。

2.4.3 此阶段用时____工作日。

2.5 第五阶段：技术服务阶段

主要内容：

①详尽的图纸技术交底。

②解决设计图纸在施工中的疑难问题。

③进行景观主体工程验收。

2.6 以上每阶段（指每一地块的前期准备、方案设计、扩初设计、施工图设计及技术服务阶段）必须循序进行，不可逾越进行。以工作日计算设计周期，节假日及甲方反馈意见所用时间不包含在内。

第三条：通知条款

每一阶段的设计成果以文字形成确认，以甲方签字盖章的日期为准。

第四条：甲方向乙方提交的有关资料及文件

4.1 方案设计阶段所需资料表

序号	资料及文件名称	份数	内容要求	提交时间
1	设计任务书	1	详细、准确，要求有电子文件	方案设计开始前
2	已通过规划局批复的建筑规划总平面图	1		
3	用地现状图	1		
4	管线综合布置图	1		
5	建筑立面、剖面图等与景观设计相关的图纸	1		

4.2 初步设计阶段所需资料表

序号	资料及文件名称	份数	内容要求	提交时间
1	建筑施工总平面图、建筑底层平面图	1	详细、准确，要求有电子文件	初步设计开始前
2	已确定的室内外竖向设计详图	1		
3	管线综合平面及竖向图纸	1		
4	建筑单体详图等与景观设计相关的已确定的详图	1		

4.3 施工图设计阶段所需资料表

序号	资料及文件名称	份数	内容要求	提交时间
1	已确定的室外电气平面布置图	1	详细、准确，要求有电子文件	施工图设计开始前
2	已确定的管线施工图	1		
3	与景观设计相关的其他施工图纸	1		

4.4 其他与景观设计相关的资料

第五条：设计费及支付方式

5.1 设计费计算

5.1.1 本合同项目设计总价为人民币_____整。

5.2 此项费用不包括：超出合同范围以外的图纸晒印费及相片、图片复印费。

5.3 费用支付根据设计阶段分列如下

5.3.1 预付款：___%，即人民币_____元整，合同签订后 3 日内支付。

5.3.2 提交方案设计成果：_____%，即人民币_____元整，提交设计成果后 3 日内支付。

5.3.3 提交初步设计图纸：_____%，即人民币_____元整，提交设计成果后 3 日内支付。

5.3.4 提交施工图设计图纸：_____%，即人民币_____元整，提交设计成果后 3 日内支付。

5.3.5 主体硬质景观结束，支付技术服务保证金：_____%，即人民币_____元整。

5.4 支付方式

5.4.1 乙方提交设计成果时一并提供相应阶段甲方应付设计费用的发票。

5.4.2 甲方在合同规定的时间内以支票形式支付乙方相应阶段的设计费用。

第六条：双方责任

6.1 甲方

6.1.1 甲方委派_____负责本项目的具体事宜。

6.1.2 甲方按本合同第四条规定的内容，在规定的时间内向乙方提交资料及文件，并对其完整性、正确性及时限负责。

6.1.3 甲方提交本合同第四条规定的资料及文件超过本合同第二条第 2.1.1 第⑤条规定期限，乙方按合同第二条规定交付设计时间顺延。

6.1.4 甲方应按本合同第五条规定的金额和时间向乙方支付设计费用。

6.1.5 甲方要求乙方比合同规定时间提前提交设计文件时，甲方应支付赶工费。

6.2 乙方

6.2.1 乙方委派_____负责本项目的具体事宜，_____为本项目主设计师。

6.2.2 施工图纸提交后由甲方组织对施工方进行详尽的施工交底一次。

6.2.3 乙方对设计文件出现的遗漏、错误负责修改或补充。

6.2.4 由于乙方自身原因，延误了设计文件交付时间，每延误一天，应减收该项目设计费的千分之二。

第七条：其他

7.1 甲方变更委托设计项目、规模、条件或因提交的资料错误，或对所提交资料作较大修改，以致造成乙方设计需返工时，应视为额外服务项目，双方需另行协商签订补充合同，重新明确有关条款，并按工作量向乙方支付费用。

7.2 如甲方应市场销售需要，要求乙方进行超出合同之外的设计工作，应视为额外服务，需签订补充合同，并按工作量向乙方支付费用。

7.3 违约责任

7.3.1 甲方不按本合同第五条规定的金额和时间向乙方支付设计费用，每逾期一天，应承担应支付金额千分之二的逾期违约金。

7.3.2 本合同项目停缓建，甲方均应支付相应的设计费，否则视为违约。

7.3.3　在合同履行期间，甲方要求终止或解除合同，乙方未开始设计工作的，不退还甲方已付的预付款；已开始工作的，甲方根据实际发生的工作量支付费用，并支付合同款的 10% 作为违约金。

7.3.4　乙方因自身原因无法履行合同，对未完成阶段已发生的设计工作费用自付，并支付合同总额的 10% 作为违约金。

7.4　由于不可抗力因素致使合同无法履行时，双方应及时协商解决。

7.5　本合同未尽事宜，双方协商并签订补充协议作为附件，补充协议与本合同具有同等法律效力。

7.6　本合同所列各方的地址为双方寄送材料的指定地址，任何一方发生变迁的，应及时通知对方，否则，由此引起的相关后果由变迁方自行承担。

7.7　本合同一式四份，甲乙双方各执两份，双方签字盖章之日起生效。

7.8　双方履行完合同规定的义务后，本合同自行终止。

委托方单位名称（甲方）：　　　　　承接方单位名称（乙方）：
（盖章）　　　　　　　　　　　　　（盖章）

法定代表人：　　　　　　　　　　　法定代表人：
签订合同代表（签字）：　　　　　　签订合同代表（签字）：
地址：　　　　　　　　　　　　　　地址：
邮政编码：　　　　　　　　　　　　邮政编码：
电话：　　　　　　　　　　　　　　电话：
传真：　　　　　　　　　　　　　　传真：
开户银行：　　　　　　　　　　　　开户银行：
银行账号：　　　　　　　　　　　　银行账号：
日期：　　年　　月　　日　　　　　日期：　　年　　月　　日

2.1.2　接受设计任务书与建立工程档案

在着手进行总体规划构思之前，必须认真阅读业主提供的"设计任务书"（或"设计招标书"）。在设计任务书中详细列有业主对建设项目的各方面要求：总体定位性质、内容、投资规模、技术经济指标控制及设计周期等。要特别重视对设计任务书的阅读和理解，充分理解并"吃透"设计任务书最基本的"精髓"。

1）设计任务书解读

设计任务书是进行设计的主要依据，它一般包括项目简介、项目定位、园林设计原则、经济技术指标、设计要求、设计成果及周期等方面，介绍关于设计场地基地位置、范围、规模、项目名称、建设条件、建筑面积、定位风格或是面向的消费群体、投资单位、投资情况、设计与建设进度等事宜。

设计任务书多以文字形式表达，在解读了设计任务书之后，需要明确接下来要深入做哪些方面的调查、分析和设计制图工作。

2）设计任务书的再编制

在了解了甲方的设计意图和基地大概情况之后，设计方还需要根据自身的进度编制乙方的调查、分析、设计任务书。任务书上应标明每个步骤的进度（调查分析、概念设计、方案设计、施工图、设计交底及后期服务阶段）和跟进负责人，或是小组成员，将任务落实到位。

3）建立工程档案

在整个项目流程中，工程档案的建立非常必要，可便于日后项目管理与资料查找。工程档案包括实物档案及电子档案两类。工程档案要做到专人管理、注意保密，电子档案还应经常备份。

实物档案主要有设计图纸（包括方案文本、底图、蓝图等）、合同（合同及副本、招投标文件、与甲方的来往书面信函及其他相关协议）、甲方所提供的工程文件（包括现状资料、上位规划资料、当地建设部门相关要求资料、书面变更通知等），这些实物档案应以工程项目为单元分类按日期收藏。

电子文件一般保留于电脑、移动硬盘或光盘中，电子档案中的文件也应该分类、分时间储存于电子文件夹中（图2-1）。

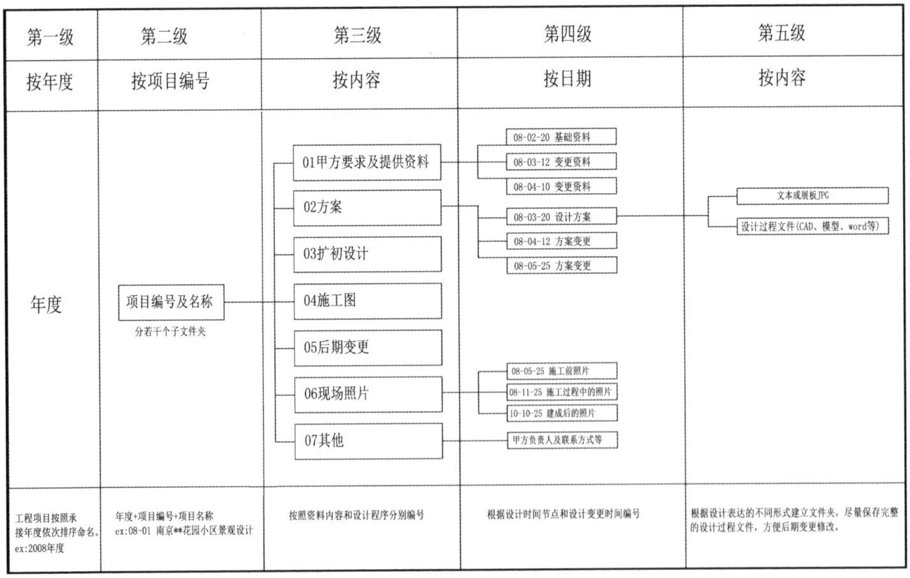

图2-1 电子工程档案框架

2.1.3 收集资料与勘查现场

（1）收集和整理设计所需资料，包括：①设计任务书。②总图部分：已通过规划局批复的建筑规划总平面图、室外管线综合布置图、已确定的室内外竖向设计详图等。③建筑单体详图：建筑各层平面、立面、剖面图等。④室外地库单体详图：地库平面、立面、剖面图，各地面出入口详图等。⑤其他与园林景观设计相关的图纸。

（2）考察现有的居住楼盘环境条件，包括地面条件、边界、小气候以及小区内外的视觉效果。

（3）充分领会甲方意图，认真研究甲方设计任务书。与甲方、建筑设计院及其他相关专业进行整体规划审阅，确认设计范围和设计标准，针对园林景观设计进行详细讨论。

2.2 规划设计阶段

在完成上述规划设计的前期工作之后，就需要组织设计小组，做出设计计划，确定设计周期。一般说来，居住区景观规划设计阶段的流程应该是从宏观到微观、从整体到局部、从大处到细节，步步深入的过程，其包括概念性方案设计、详细方案设计、扩初设计及施工图设计 4 个阶段，以下是某居住区景观项目设计内容、成果及周期一览表（表 2–1）。

表 2–1 某居住区景观项目设计内容、成果及周期一览表

设计阶段	设计周期及提交成果要求	工作内容与设计成果
概念性方案设计	15 个工作日，提交 1 套 PPT 演示文件作为项目介绍资料、A3 图册 4 套及电子文件 1 份	（1）该阶段的设计内容： ①咨询甲方及有关顾问，明确本工程要求的整体外观及其园林特色，制订工程计划、参数及基本要素、设计责任、提交日期、工程分期进度及其他要求等。 ②分析和评估现场环境，并预测其对设计的影响。 ③确定景观主题、风格、功能、交通、竖向、植栽、分期建设、成本等概念方案设计。 ④乙方提出概念设计方案，由主创景观设计师与甲方进行设计交流并明确设计方向。 备注：此阶段乙方需提供 3 个概念构思方案供甲方选择 （2）该阶段的设计成果： ①设计说明； ②概念方案设计总平面图； ③各类相关分析图； ④各类相关意向图

设计阶段	设计周期及提交成果要求	工作内容与设计成果
详细方案设计	20 个工作日，提交 1 套 PPT 演示文件作为项目介绍资料、A3 图册 4 套及电子文件 1 份	（1）该阶段的设计内容： ①对甲方确认的概念性方案根据修改意见进行深化设计； ②各类道路的景观处理（道路铺面选材，包括紧急车辆通道和消防通道的景观处理）； ③景观绿地、植物设计； ④住宅入口、大门、门卫室设计； ⑤各类广场和公共活动场所设计； ⑥地面停车场设计； ⑦水景（含溪流、瀑布、湖体模拟自然的水景及喷泉、雾泉等）设计； ⑧桥，外部亭、阁等景观构筑物的设计； ⑨焦点特色景观设计； ⑩售楼处、会所和游泳池环境设计； ⑪围墙设计 （2）该阶段的设计成果： ①设计图纸目录和说明； ②说明设计构思的有关分析图； ③高差变化较大地段的景观断面图； ④透视图场景选点由甲乙双方商议并确认后，提供正式手绘渲染图； ⑤表达景观意向的彩色图片一套； ⑥植栽设计意向图片； ⑦其他景观元素设计意向图片； ⑧景观方案的彩色平面图一张（比例 1：500），以及彩色参考图片，以反映总体设计方向及各组团的布局； ⑨景观竖向及剖面设计图，比例自定； ⑩水体景观设计图表达形态和位置，比例自定； ⑪绿化种植设计图；硬地铺装设计图，比例自定； ⑫运动、游戏场地设计表达位置和尺度，比例自定； ⑬环境小品设计图表达小品的位置和尺度，比例自定； ⑭重点地段放大设计图，比例自定（如会所、售楼处等区域）； ⑮重点场地放大剖面图，比例自定； ⑯景观照明设施说明； ⑰景观工程造价估算

设计阶段	设计周期及提交成果要求	工作内容与设计成果
扩初设计	20 个工作日,提交图册 6 套及电子文件 1 份	（1）该阶段的设计内容: ①以甲方通过的深化方案设计为依据,展开初步的设计; ②该阶段设计中充分考虑协调建筑、结构、水电、地质、城建等各专业环节的意见和要求,并在环境设计中得到体现; ③强调环境与建筑的和谐,与甲方及建筑师密切沟通,使环境设计风格与建筑设计风格相谐生辉; ④将环境设计方案进行具体定位、定形、标注尺寸,完成较全面具体的设计; ⑤提供景点安排、标高概念、地面处理、照明设计、植物设计和铺装材料的选择,提交甲方确认 （2）该阶段的设计成果: ①总平面图; ②平面索引图; ③放线图(比例 1:300),定出道路、广场和重要景点的控制尺寸; ④竖向设计图(比例 1:300),定出道路、广场、土坡和重要景点的控制标高并确定排水系统的设计原则; ⑤道路铺装设计图; ⑥灯具布局方案平面图(比例 1:300)和灯具的选型; ⑦室外景观工程背景音乐的布点方案平面图及音箱的选型; ⑧乔木和灌木种植方案图(比例 1:300)和植物表(包括乔木品种和规格); ⑨景观构筑物的设计图,包括平、立、剖面图,外形尺寸控制和选材; ⑩硬景物料表,重要物料的彩色图片和物料索引图(比例 1:300); ⑪重点景点的放大图(比例 1:100),放大图上应注明控制性尺寸和主要材料,可配以彩色图片或手绘透视草图,以便甲方确认重点景点的景观效果; ⑫给水设计和水景设计图; ⑬景观工程造价概算; ⑭景观给排水布点平面图; ⑮有特殊工艺要求的园林建筑,如张力膜、喷泉、雕塑小品等进行概念设计,并提出尺度大小建议

设计阶段	设计周期及提交成果要求	工作内容与设计成果
施工图设计	20 个工作日，提交施工图 8 套及电子文件 1 份	（1）该阶段的设计内容： ①以初步设计为依据，绘制能全面指导施工的详细的施工图纸； ②解决协调好建筑、结构、水电、地质等专业与环境工程存在的问题，并在施工图中进行全面、系统的设计和标注； ③绘制出所有相关设计的定位定性图（如总平面图、立面图、剖面图、植物配置图等），各部位节点图以及各种经济技术指标； ④对设计中所用材料的质地、颜色进行全面标注； ⑤为硬、软景施工提供详细的设计图纸； ⑥制备及编制材料表、植物表及有关的工料规范 （2）该阶段的设计成果： ①设计说明； ②总平面图； ③平面索引图； ④局部的平面图和剖面图； ⑤景观配置指引图及定位图； ⑥竖向设计图（包括场地排水）； ⑦硬质景观详图（包括各园林小品的立面图、剖面图，重点铺装图，详细的园景节点大样图）； ⑧人工灌溉图； ⑨灯具照明图； ⑩室外景观工程背景音乐的布点图； ⑪物料表； ⑫乔木和灌木； ⑬草地和地被植物； ⑭特殊的排水要求； ⑮特殊的移植规范和图则； ⑯提供施工样板，包括铺装材料、木材样板，灯具、园椅等成品，提供彩色图片作为依据； ⑰景观工程造价预算； ⑱有特殊工艺要求的园林建筑，如张力膜、喷泉、雕塑小品等，乙方应与甲方共同选定。 ⑲软景规划说明及植物保养说明

2.2.1 概念性方案设计

在确定正式详细方案之前，甲方往往要求设计方提供 2 ~ 3 个概念性方案进行比选，最后选出一个方案进行深化设计。概念性方案设计周期一般比较短，概念性方案也不要求进行细节设计，主要是对设计条件进行初步分析，并提出粗线条的方案构想。主要包括景观策划、构思、定位、主题、风格、主要功能分区、总体景观结构、交通组织、竖向、植栽、分期建设、成本等内容。其设计成果包括设计说明、景观总平面图、各种分析图以及表达景观构想的各种意向图等。

案例 1：海南海口信达滨海花园小区景观概念性方案设计

该小区位于海口市，根据对项目所在地的了解和对基地的解读，与甲方交流后，形成了 3 个概念性的方案。

方案一：融入异国风情的设计元素，使居住者尽情体验南太平洋独具魅力的景观文化。整体运用流畅而大气的线条勾勒出中心景观区的主体框架，同时运用欧式的笔法和南太平洋的自然之风，描绘出小区独特的设计风格，并且在设计中注重各种水景的运用，为小区创造一处处富有南国风情的宜人空间（图 2-2）。

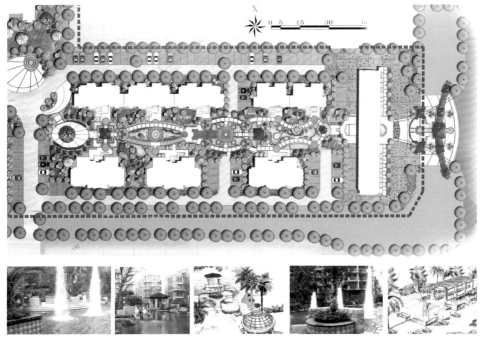

图 2-2　方案一平面图

方案二：具有现代简约主义设计风格，让居住者的生活更富有优雅与时尚的气息。该方案的设计理念来自中国的住宅布局理念，营造中国式的现代生活模式，园林层叠、出入有致、空间交错、明亮通透、湖光山色、饶有新意。利用住宅室内外空间的丰富穿插，将居室外的自然环境引入室内，同时也将人居生活延伸到自然中，塑造一种宁静古朴而又不失现代感的风格（图 2-3）。

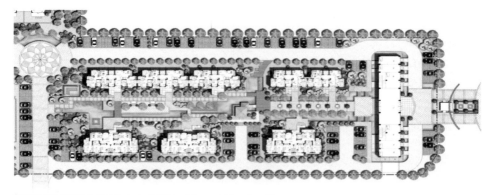

图2-3 方案二平面图

　　方案三：具有自然恬静之风的设计风格，使人仿佛置身世外桃源。本方案采用流畅而硬朗的自然笔触，将清新的自然风光引入各家各户，让每一户门前都有"小桥流水"的如画般的意境，让每一位居民都能领略到来自大自然的迷人气息（图2-4）。

图2-4 方案三平面图

案例 2：江苏徐州睢宁"八一公馆"小区景观概念性方案设计

该小区位于徐州睢宁八一西路，地处繁华闹市，第一轮提供 4 个方案以供甲方选择，分别以不同主题打造风格各异的景观空间。

第一轮方案一：表达浪漫主题，注重平面色彩变化，形成抽象艺术风格（图 2-5）。

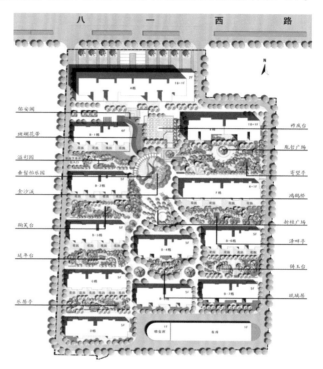

图 2-5　第一轮方案一总平面图

第一轮方案二：小区组团采用对称的欧式广场手法进行处理，景观空间大气（图 2-6、图 2-7）。

图 2-6　第一轮方案二组团入口效果

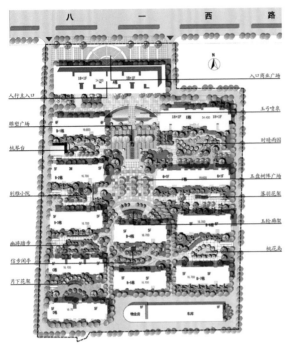

图2-7 第一轮方案二总平面图

第一轮方案三：小区采用表达优雅的音乐为主题，组团平面类似提琴，景观空间以流线型进行处理。组团中的构架设计成风琴造型，以呼应主题（图2-8、图2-9）。

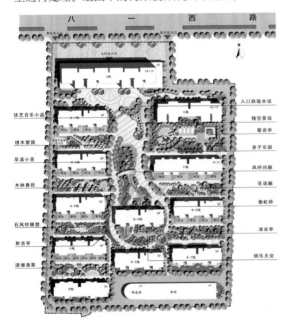

图2-8 第一轮方案三总平面图

图 2-9　第一轮方案三组团鸟瞰图

第一轮方案四：小区景观的打造类似于欧洲小花园风格，以提供各种亲切、安静的小型休憩空间（图 2-10）。

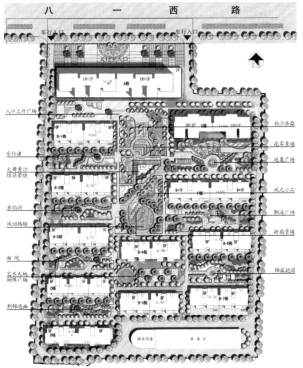

图 2-10　第一轮方案四总平面图

　　方案提交后，通过与甲方充分的交流沟通，对第一轮方案进行了综合，并对场地地库顶板标高及小区建筑空间形态进行细致研究，形成定稿方案（图2-11）。

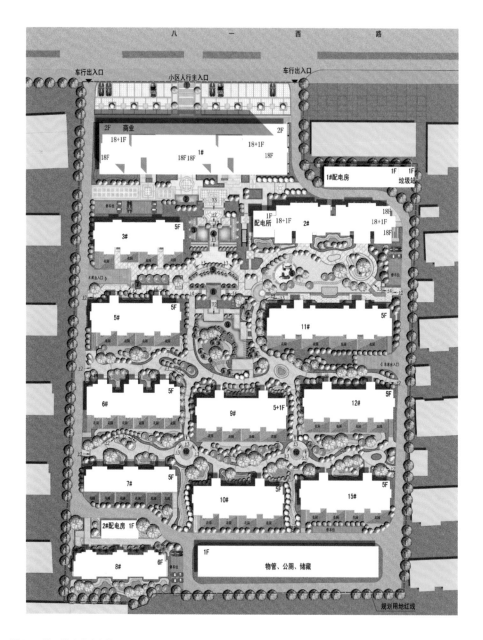

图2-11　第一轮定稿方案总平面图

2.2.2 详细方案设计

设计方在概念性方案的基础上，与甲方进行充分交流，结合甲方的修改意见，在所确定的概念性方案的基础上进行深化与完善。设计方逐步明确总图中的入口、广场、道路、水体、绿地、建筑小品、管理用房等各元素的具体位置及主要景观节点的细节设计，经过修改，会使整个规划在功能上趋于合理，在构图形式上符合园林景观设计的基本原则——视觉上的美观与舒适。

在方案最终确定前，甲方还会组织专家评审会或有关部门的报审会。出席会议的人员除了各方面专家外，还有建设方负责人和市、区有关部门的负责人，以及项目设计负责人和主要设计人员。作为设计方，项目负责人一定要结合项目的总体设计情况，在有限的时间内，将项目概况、总体设计定位、设计原则、设计内容、技术经济指标、总投资估算等诸多方面的内容向领导和专家们做一个全方位的汇报。汇报人必须对项目情况有着全方位的了解，专家们不一定都了解，因而在某些环节上，要尽量介绍得透彻一点、直观一点，并且一定要具有针对性。在专家评审会上，汇报人应先将设计指导思想和设计原则阐述清楚，然后再介绍设计布局和内容。设计内容的介绍，必须紧密结合先前阐述的设计原则，将设计指导思想及原则作为设计布局和内容的理论基础，而后者又是前者的具体体现，两者相辅相成，缺一不可。切不可造成设计原则和设计内容南辕北辙。会议结束后几天，设计方会收到打印成文的专家组评审意见。设计负责人必须认真阅读，对每条意见都应该有一个明确的答复，对于特别有意义的专家意见，要积极听取，立即落实到方案修改稿中。

详细方案设计的要求如下：应满足编制初步设计文件的需要；应能据以编制工程估算；应满足项目审批的需要。方案设计包括设计说明与设计图纸两部分内容。

1）设计说明

（1）现状概述：概述楼盘区位、总体规划、当地自然及人文条件等背景情况；简述景观工程范围、工程规模和特征等。

（2）现状分析：对项目的各项条件进行分析。

（3）设计依据：列出与设计有关的依据性文件。

（4）设计指导思想和设计原则：概述设计指导思想和设计遵循的各项原则。

（5）总体构思和布局：说明设计理念、设计构思、功能分区和景观布局，概述空间组织和园林特色。

（6）专项设计说明：竖向设计、园路设计与交通分析、绿化设计、园林建筑与小品设计、景观照明设计。

（7）技术经济指标：计算各类用地的面积，列出用地平衡表和各项技术经济指标。

（8）投资估算：按工程内容进行分类，分别进行估算。

2）设计图纸

（1）区位图：标明用地所在城市的位置和周边地区的关系。

（2）小区总体规划条件分析图：对规划用地做出各种分析图纸。

（3）总平面图：标明用地边界、周边道路、出入口位置、设计地形等高线、设计植物、设计园路铺装场地、各类水体的边缘线、各类建筑物和构筑物、停车场位置及范围；标明用地平衡表、比例尺、指北针、图例及注释。

（4）功能分区图或景观分区图：用地功能或景区的划分及名称。

（5）园路设计与交通分析图：标明各级道路、人流集散广场和停车场布局；分析道路功能与交通组织。

（6）竖向设计图：标明设计地形等高线；标明主要控制点高程；绘制地形剖面图。

（7）绿化设计图：标明植物分区、各区的主要或特色植物（含乔木、灌木）；标明乔木和灌木的平面布局。

（8）主要景点设计图：包括主要景点的平、立、剖面图及效果图等；景观照明图；其他必要的图纸。

案例：南京名城世家小区景观详细方案设计

1）项目背景

名城世家小区位于南京城南地区，住宅以11层、18层建筑为主，沿街布置多层商业用房，幼儿园1所以及地下农贸市场1处（图2-12）。

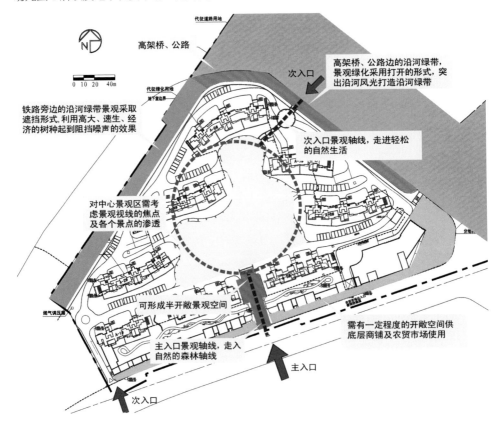

图2-12 现状分析平面图

2）总体思路——创造自然、融入自然、享受自然（图 2-13、图 2-14）

图 2-13　方案总平面图

图 2-14　中心景观区鸟瞰图

3）设计原则

（1）从空间、形式到功能与城市空间和周边环境相协调，并处理好景观特色和居住功能之间的关系，注重景观空间尺度，突出环境的亲切感。

（2）注重人文环境的营造，把文化性、知识性融入景观设计中来，突出居住文化品位和生活情趣。

（3）休闲交流空间与观赏空间相结合，为居民提供良好的室外环境。

（4）充分利用现有条件，在满足功能要求的前提下，尽可能降低造价。

因此，空间穿插、风格鲜明、文脉突出、功能合理是本方案的出发点。

4）景观分区设计（图2-15）

图2-I5 景观分区平面图

5）景观专项设计（图2-16～图2-21）

图例：
城市交通
消防通道
小区人行流线
农贸市场出入口
地消防通道
小区地面机动车
车位
小区地下机动车
车库出入口

图2-16　交通分析平面图

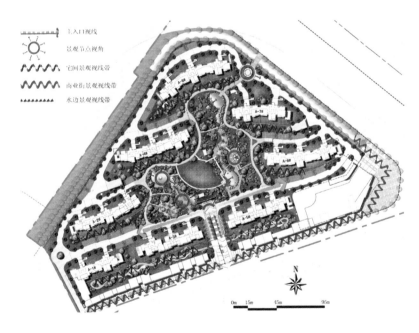

图例：
主入口视线
景观节点视角
宅间景观视线带
商业街景观视线带
水边景观视线带

图2-17　景观视线分析平面图

图 2-18　竖向标高平面图

宁芜铁路绿化带是小区西北侧的防护带，其目的是确保小区内部不受铁路沿线噪声的干扰，同时创造丰富的、多层次的、立体式的绿化空间，主要采用杨树、珊瑚树、八角金盘等。

宁芜铁路防护林带

规二路沿河景观带

沿河景观带的环境是人与水之间的联系介质，规二路沿河景观带提供了小区居民与水亲密接触的机会，同时屏蔽了规二路上的车流对小区的干扰。该区植物配置以垂柳、水杉为主，搭配以广玉兰、榉树、枫香等，池边种植千屈菜、花叶芦竹等。

宅间景观区

宅间绿地利用植物围合空间，进行分层设计，形成乔木—灌木—地被的立体空间模式。各宅间绿地以特色植物形成空间标识，同时采用不同季向特征的植物，使各空间在主题突出的同时，还具有四时观赏的连续性。

中心景观区是整个小区的核心，也是设计的中心。在植物配置上，采用江南传统的优势树种和观花树种，充分发挥不同植物的造景特征以满足空间色彩和肌理的变化，注意速生、慢生树种的搭配，常绿、色叶、落叶植物的搭配。

主入口区为凸显气势，花坛内的植物采用高大乔木，如棕榈科的高大植物或香樟等。

中心景观区

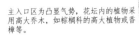

主入口区

图 2-19　植物配置意向图

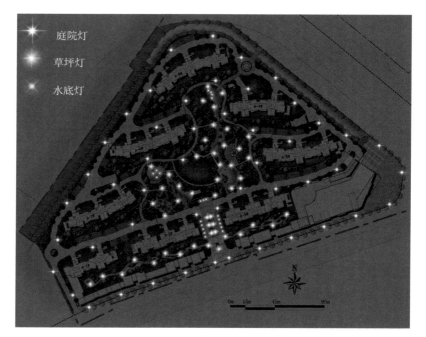

庭院灯
草坪灯
水底灯

图 2-20　灯具布置总平面图

垃圾箱
指示牌
停车场

图 2-21　设施布置总平面图

6）主入口景观区方案设计（图2-22、图2-23）

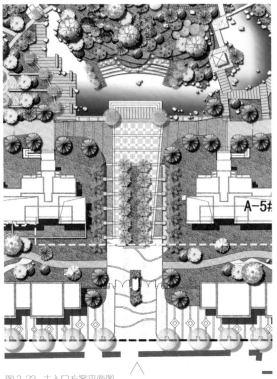

图2-22　主入口方案平面图

图2-23　主入口特色跌水效果图

2.2.3　扩初设计

　　扩初设计是指方案设计的具体化阶段，是指在通过方案设计之后，进一步细化方案设计，在总体构思的基础上，进行合理的小品、设施、植物、灯光材质等的配置，并反复推敲，进行多方比较，最后完成初步设计任务。扩初设计的要求如下：应满足编制施工图设计文件的需要；应满足各专业设计的平衡与协调，应能据以编制工程概算，提供申报有关部门审批的必要文件。设计文件内容包括以下几个方面。

　　（1）设计总说明。

　　包括设计依据、设计规范、工程概况、工程特征、设计范围、设计指导思想、设计原则、设计构思或特点、各专业设计说明、在初步设计文件审批时需解决和确定的问题等内容。

　　（2）总平面图。

　　比例一般采用1∶500、1∶1000。内容包括基地周围环境情况、工程坐标网、用地范围红线的位置、地形设计的大致状况和坡向、建筑和小品位置、道路与水体的位置、绿化种植的区域、必要的控制尺寸和控制高程等。

　　（3）道路、地坪、景观小品及园林建筑设计图。

　　比例一般采用1∶50、1∶100、1∶200。内容包括：①道路、广场总平面图布置图，图中标注出道路等级、排水坡度等要求；②道路、广场主要铺面要求和广场、道路断面图；③景观小品及园林建筑的主要平面图、立面图、剖面图等。

　　（4）种植设计图及品种介绍彩图。内容包括：

　　①种植平面图，比例一般采用1∶200、1∶500，图中标出应保留的树木及新栽的植物。

　　②主要植物材料表，表中分类列出主要植物的规格、数量等，需满足概算需要。

　　③其他图纸，根据设计需要可绘制整体或局部种植立面图、剖面图和效果图。

　　（5）景观配套设施初步选型表。

　　根据甲方需要，可初步列表表示包括座椅、垃圾桶、盛花器、儿童游戏及健身器材等在内的配套设施、安放位置及数量等，可以配以图片示意。

　　（6）景观给排水布点平面图。

　　（7）景观电气、灯位布点平面图，对所选灯具及彩色图片示意。

　　（8）硬景物料表，重要物料的彩色图片和物料索引图（比例1∶300）。

　　（9）设计概算文件，由封面、扉页、概算编制说明、总概算书及各单项工程概算书等组成，可单列成册。

案例：南京名城世家小区景观扩初设计（图2-24～图2-29）

<table>
<tr><td colspan="7" align="center">图 纸 目 录</td></tr>
<tr><td colspan="7">项目名称　南京海璟 名城世家(A地)　扩初设计</td></tr>
</table>

序号	图号	图纸名称	图幅	图纸张数	比例	备注
1	YL-01	竖向标高总平面	A3	1		
2	YL-02	分区索引平面	A3	1		
3	YL-03	主入口铺装平面	A3	1		
4	YL-04	主入口尺寸平面	A3	1		
5	YL-05	主入口1-1、2-2剖面	A3	1		
6	YL-06	入口特色跌水尺寸平面	A3	1		
7	YL-07	特色跌水1-1、2-2剖面	A3	1		
8	YL-08	特色跌水3-3剖面	A3	1		
9	YL-09	桃花源境区铺装平面	A3	1		
10	YL-10	桃花源境区尺寸平面	A3	1		
11	YL-11	桃花源境区平面	A3	1		
12	YL-12	桃花源境区后场展开立面	A3	1		
13	YL-13	桃花源境区构架展开立面	A3	1		
14	YL-14	欧式园平面、立面示意	A3	1		
15	YL-15	桃花源境区1-1断面	A3	1		
16	YL-16	叠水流觞区平面	A3	1		
17	YL-17	叠水流觞区1-1断面	A3	1		
18	YL-18	叠水流觞区亭子平面、立面示意	A3	1		
19	YL-19	叠水流觞区平面	A3	1		
20	YL-20	叠水流觞区1-1断面	A3	1		
21	YL-21	叠水流觞后区2-2、3-3断面	A3	1		
22	YL-22	叠水流觞后区弧形构架立面示意	A3	1		
23	YL-23	叠水流觞后区平面构架复原平面	A3	1		
24	YL-24	溪涧音乐平面	A3	1		
25	YL-25	曲溪流音1-1断面	A3	1		
26	YL-26	溪涧音乐亭子平面、立面示意	A3	1		
27	YL-27	次入口铺装平面	A3	1		
28	YL-28	商业街转角广场铺装平面	A3	1		
29	YL-29	商业街转角尺寸平面	A3	1		
30	YL-30	商业街铺装示意	A3	1		
31	YL-31	A-1、3栋楼后铺装示意	A3	1		
32	YL-32	A-1、3栋楼后铺装1-1断面	A3	1		
33	YL-33	采光井详图	A3	1		

<table>
<tr><td colspan="7" align="center">图 纸 目 录</td></tr>
<tr><td colspan="7">项目名称　南京海璟 名城世家(A地)　扩初设计</td></tr>
</table>

序号	图号	图纸名称	图幅	图纸张数	比例	备注
34	YL-34	宁美换路防护林带示意	A3	1		
35	YL-35	入户后花园平面示意	A3	1		
36	YL-36	停车场示意	A3	1		
37	YL-37	景观铺地	A3	1		
38	YL-38	乔木配置表	A3			
39	YL-39	灌木配置表	A3			
40	YL-40	乔木设计	A3			
41	YL-41	灌木设计	A3			

图2-24　图纸目录

图2-25　扩初总平面图

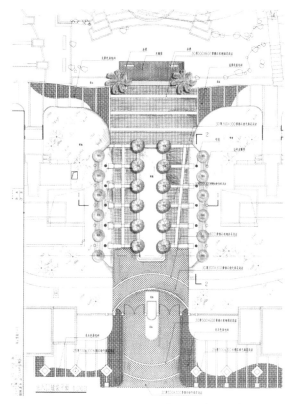

图 2-26　主入口扩初平面图

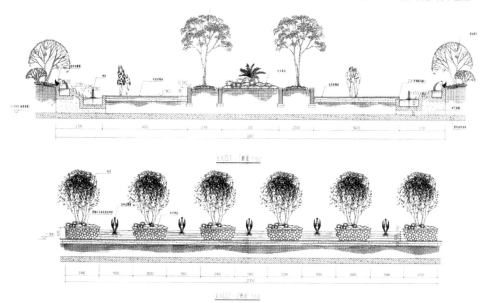

图 2-27　入口扩初断面图

图 2-28　主入口特色跌水扩初平面图

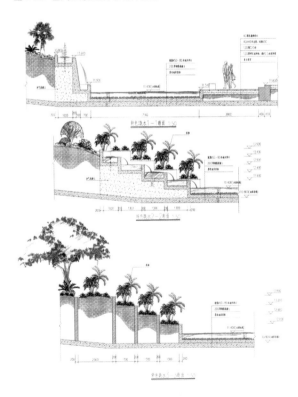

图 2-29　主入口特色跌水扩初断面图

2.2.4　施工图设计

施工图设计是各种技术问题的定案阶段，是指在扩初设计的基础上，深化各种施工方案并与其他专业充分协调，综合解决各种技术问题。它包括确定整体环境和各个局部之间的具体技术的做法和用材，合理解决各技术工种之间的矛盾，以及编制设计预算等。施工图设计的文件要求表达明晰、确切、周全，并应满足施工、安装及植物种植需要，满足施工材料采购、非标准设备制作和施工的需要。设计文件包括目录、设计说明、施工图、施工详图、套用图纸和通用图、工程预算书等内容。只有经设计单位审核和加盖施工图出图章的设计文件才能作为正式设计文件交付使用。园林规划设计师应经常深入施工现场，一方面解决现场的各类工程问题，另一方面也是通过现场经验的积累，提高自己施工图设计的能力与水平。

（1）设计总说明。

①设计依据：政府主管部门批准的文件和技术要求，建设单位的设计任务书和技术资料，其他相关资料。

②应遵循的主要的国家现行技术标准、规范、规程和规定。

③简述工程规模和设计范围，阐述工程概况和工程特征。

④各专业设计说明，可单列专业篇。

（2）总平面图。

比例一般采用 1 ： 300、1 ： 500、1 ： 1000。包括各定位总平面图、索引总平面图、竖向总平面图、道路铺装总平面图等内容。

①定位总平面图，可以采用坐标标注、尺寸标注、坐标网格等方法对建筑、景观小品、道路铺装、水体等各项工程进行平面定位。

②索引总平面图，对各项工程的内容进行图纸及分区索引。

③竖向总平面图，内容包括：标明人工地形（包括山体和水体）的等高线或等深线（或用标高点进行设计）；标明基地内各项工程平面位置的详细标高，如建筑物、园路、广场等的标高，并要标明其排水方向；标明水体的常水位、最高水位与最低水位、水底标高；标明进行土方工程施工地段内的原标高，计算出挖方和填方的工程量并制作土石方平衡表等。

④道路铺装总平面图，标明道路的等级、道路铺装材料及铺装样式等。

⑤其他相关内容总平面图，根据工程具体情况绘制。

工程不复杂的情况下，上述图纸可以合并绘制。

（3）道路、地坪、景观小品及建筑设计。

道路、地坪、景观小品及建筑设计应逐项分列，宜以单项为单位，分别组成设计文件。设计文件的内容应包括施工图设计说明和设计图纸。施工图设计说明可注于图上。 施工图设计说明的内容包括设计依据、设计要求、引用通用图集及对施工的要求。单项施工图纸的比例要求不限，以表达清晰为准。施工详图的常用比例为 1 ： 10、1 ： 20、1 ： 50、1 ： 100。单项施工图设计应包括平面、立面、剖面图等。标注尺寸和材料应满足施工选材和施工工艺要求。单项施工图详图设计应有放大平面、剖面图和节点大样图，标注的尺寸、材料应满足施工需求。标准段节点和通用图应诠释应用范围并加索引标注。

（4）种植设计。

种植设计图应包括设计说明、设计图纸和植物材料表。

①设计说明：种植设计的原则、景观和生态要求，对栽植土壤的规定和建议；规定树木与建筑物、构筑物、管线之间的间距要求，对树穴、种植土、介质土、树木支撑等提出必要的要求，应对植物材料提出设计的要求。

②设计图纸：种植设计平面图，比例一般采用 1：200、1：300、1：500。a.设计坐标应与总图的坐标网一致；b.应标出场地范围内拟保留的植物，如属古树名木应单独标出；c.应分别标出不同植物类别、位置、范围；d.应标出图中每种植物的名称和数量，一般乔木用株数表示，灌木、竹类、地被、草坪用每平方米的数量（株）表示；e.种植设计图，根据设计需要宜分别绘制上木图和下木图；f.选用的树木图例应简明易懂，当树种较多时，不同树种可采用相同的图例；g.同一植物规格不同时，应按比例绘制，并有相应表示。重点景区宜另出设计详图。

③植物材料表：a.植物材料表可与种植平面图合一，也可单列；b.列出乔木的名称、规格（胸径、高度、冠径、地径）、数量（宜采用株数或种植密度）；c.列出灌木、竹类、地被、草坪等的名称、规格（高度、蓬径），其深度需满足施工的需要；d.对有特殊要求的植物应在备注栏加以说明；e.必要时，标注植物拉丁文学名。

（5）景观标志系统设计图（可选）。

根据具体情况，可以对需要特殊设计的标志系统，包括名称标志（如楼牌号、树木名称牌）、环境标志（如小区组团示意图、停车场导向图）、指示标志（如出入口标志、定点标志）、警示标志（如禁止入内、提醒水深），绘制出详细的平、立、剖面图，并画出具体布置的平面图。

（6）景观配套设施选型表（可选）。

根据具体情况，可以配合甲方完成景观配套设施包括座椅、垃圾桶、盛花器、灯具、儿童游戏及健身器材等的选型工作，列表表示其型号及数量，并根据确定的内容绘制布置平面图。

（7）结构。

结构专业设计文件应包含计算书（内部归档）、设计说明、设计图纸。

①计算书（内部技术存档文件），一般有计算机程序计算与手算两种方式。

②设计说明：a.主要法规和标准，相应的工程地质详细勘察报告及其主要内容；b.采用的设计荷载、结构抗震要求；c.不良地基的处理措施；d.说明所选用结构用材的品种、规格、型号、强度等级、钢筋种类与类别、钢筋保护层厚度、焊条规格型号等；e.地形的堆筑要求和人工河岸的稳定措施；f.采用的标准构件图集，如特殊构件需做结构性能检验，应说明检验的方法与要求；g.施工中应遵循的施工规范和注意事项。

③设计图纸，包括基础平面图、结构平面图、构件详图等内容。

（8）给水、排水。

给水、排水设计文件应包括设计说明、设计图纸、主要设备表。

①设计说明：a.设计依据简述；b.给水、排水系统概况，主要的技术指标；c.各种管材的选择及其敷设方式；d.凡不能用图示表达的施工要求，均应以设计说明表述；e.图例。

②设计图纸：a.给水、排水总平面图；b.水泵房平面、立面、剖面图或系统图；c.水池配

管及详图；d. 凡由供应商提供的设备如水景、水处理设备等应由供应商提供设备施工安装图，设计单位加以确定。

③主要设备表，分别列出主要设备、器具、仪表及管道附件配件的名称、型号、规格（参数）、数量、材质等。

（9）电气。

包括设计说明、设计图纸、主要设备材料表。

①设计说明：a. 设计依据；b. 各系统的施工要求和注意事项（包括布线和设备安装等）；c. 设备订货要求；d. 图例。

②设计图纸：a. 电气干线总平面图（仅大型工程出此图）；b. 电气照明总平面图，包括照明配电箱及各类灯具的位置、各类灯具的控制方式及地点、特殊灯具和配电（控制）箱的安装详图等内容；c. 配电系统图（用单线图绘制）。

③主要设备材料表：应包括高低压开关柜、配电箱、电缆及桥架、灯具、插座、开关等，应标明型号规格、数量，简单的材料如导线、保护管等可不列。

（10）预算。

预算文件组成内容应包含封面、扉页、预算编制说明、总预算书（或综合预算书）、单位工程预算书等，应单列成册。封面应有项目名称、编制单位、编制日期等内容。扉页有项目名称、编制单位、项目负责人和主要编制人及校对人员的署名，加盖编制人注册章。

需要说明的是，由于一些基地现状较为复杂，设计师在设计时很难全面考虑到每个细节，经常会出现一些设计的变更，这时就要相应地调整最终的施工图，故而，在施工图编号时可按照分区编号的方法（图2-30），以减少后期由于图号变更造成的巨大的图纸修改工作量。

江苏省＊＊＊＊＊＊＊＊＊＊＊有限公司		委托单位（设计编号）	南京市＊＊＊＊置业有限公司 4-477-2001			
		项目名称	南京市＊＊＊＊小区景观设计项目			
（　园　林　） 目　录						
序号	图纸名称	图号－版本号	标准图纸量	张数		备注
				本设计	其它设计	
1	施工设计说明	YL-00	A1	1		
	总图部分					
2	总平面	YL-0.1	A1	1		
3	尺寸定位总平面	YL-0.2	A1	1		
4	竖向标高总平面	YL-0.3	A1	1		
5	铺装及索引总平面	YL-0.4	A1	1		
6	网格定位总平面	YL-0.5	A1	1		
	分区一					
7	分区一尺寸定位平面	YL-1.1	A2	1		
8	分区一广场竖向标高平面	YL-1.2	A2	1		
9	分区一铺装及索引平面	YL-1.3	A2	1		
10	分区一铺装详图	YL-1.4	A2	1		
11	分区一详图1	YL-1.5		1		
12	分区一详图2	YL-1.6	A2	1		
13	分区一详图3	YL-1.7	A2	1		
	分区二					
14	分区二尺寸定位及竖向标高平面	YL-2.1	A2	1		
15	分区二铺装索引平面	YL-2.2	A2	1		
16	分区二详图1	YL-2.3	A2	1		
17	分区二详图2	YL-2.4	A2	1		
	公共节点		A2	1		
18	详图1	YL-3.1	A2	1		
19	详图2	YL-3.2	A2	1		
20	详图3	YL-3.3	A2	1		
21	详图3	YL-3.4	A2	1		
注：我院施工图目录为全部施工图目录（包含精选图目录）；图名、图号相同、版本号不同的，最后一版为有效版本，已出图纸作废的设备应作无效版本，请注意识别！						
				第 1 张　共 1 张		

图 2-30　园林施工图设计框架

　　现在，很多重大工程施工周期都相当短，迫于工期的压力，只能从后向前倒排施工进度。这就要求设计人员打破常规的出图程序，实行"边设计边施工，急需的图先做"的出图方式。一般来讲，在大型园林景观绿地的施工图设计中，施工方急需的图纸是：总平面图放样定位图；竖向设计图；一些主要的剖面图；土方平衡表（包含总进、出土方量）；总体的上水、下水、管网布置图；主要材料表；电网的总平面图、布置图、系统图等。设计人员完成迫切需要的图纸后，再按照施工队的施工进度进行其他部分的绘制。

案例：南京名城世家小区景观施工图设计（图 2-31 ~ 图 2-44）

序号	档册目录编号	档题名称	专业	新图	套用图	合计
1	09430-YL-1-1	施工说明				
2	09430-YL-1-2	分区索引平面				
3	09430-YL-1-3	详图索引平面				
4	09430-YL-1-4	坐标定位平面				
5	09430-YL-1-5	竖向标高平面				
6	09430-YL-1-6	道路尺寸平面				
7	09430-YL-1-7	网格定位平面				
8	09430-YL-2-1	主入口广场铺装平面				
9	09430-YL-2-2	主入口广场铺装尺寸平面				
10	09430-YL-2-3	主入口广场尺寸定位及分区平面				
11	09430-YL-2-4	主入口广场喷泉布置平面				
12	09430-YL-2-5	主入口广场分区一尺寸平面				
13	09430-YL-2-6	主入口广场分区二尺寸平面				
14	09430-YL-2-7	水池1-1断面				
15	09430-YL-2-8	水池2-2,3-3,4-4断面				
16	09430-YL-2-9	水池5-5断面,台阶6-6断面				
17	09430-YL-2-10	主入口广场分区三尺寸平面				
18	09430-YL-2-11	特色跌水平面				
19	09430-YL-2-12	特色跌水1-1断面				
20	09430-YL-2-13	跌水饰面层顶视图　花池4-4,5-5断面				
21	09430-YL-2-14	特色跌水2-2,3-3断面				
22	09430-YL-3-1	儿童活动区铺装索引平面				
23	09430-YL-3-2	儿童活动区竖向标高平面				
24	09430-YL-3-3	儿童活动区尺寸标注平面				
25	09430-YL-3-4	1-1断面,2-2断面				
26	09430-YL-3-5	3-3断面,4-4断面,5-5断面				
27	09430-YL-3-6	节点详图				
28	09430-YL-3-7	波形墙、沙坑、特色墙做法				
29	09430-YL-4-1	桃花源铺装平面				
30	09430-YL-4-2	桃花源墙装尺寸平面				
31	09430-YL-4-3	特色构架顶平面及底平面				
32	09430-YL-4-4	特色构架立面图及断面				
33	09430-YL-4-5	特色构架③-① (A-C)剖面 及 ①-③立面				
34	09430-YL-4-6	小拱桥详图				
35	09430-YL-4-7	节点详图				
36	09430-YL-5-1	曲水流觞前区铺装平面				
37	09430-YL-5-2	曲水流觞前区尺寸平面				
38	09430-YL-5-3	曲水流觞区1-1,2-2断面				
39	09430-YL-5-4	木平桥详图				
40	09430-YL-5-5	特色景墙详图				
41	09430-YL-5-6	节点详图				
42	09430-YL-5-7	景亭顶平面及底平面				
43	09430-YL-5-8	景亭南立面及1-1剖面				
44	09430-YL-5-9	节点详图				
45	09430-YL-6-1	休水流觞区至园内标高尺寸顶平面及铺装平面				
46	09430-YL-6-2	曲水流觞区区尺寸平面				
47	09430-YL-6-3	休闲广场平面				
48	09430-YL-6-4	半圆形构架顶平面　半圆形构架南北立面				
49	09430-YL-6-5	半圆形构架顶平面及1-1剖面				
50	09430-YL-6-6	构架基础平面及屋顶结构图				
51	09430-YL-6-7	曲水流觞后区1-4断面				
52	09430-YL-6-8	景观平桥详图				
53	09430-YL-6-9	节点详图				
54	09430-YL-6-10	单排构架底平面及顶平面				
55	09430-YL-6-11	单排构架1-1,2-2断面				
56	09430-YL-7-1	溪涧清音平面				
57	09430-YL-7-2	溪涧清音1-1,2-2断面				
58	09430-YL-7-3	方亭详图				
59	09430-YL-8-1	次入口广场铺装及尺寸平面				
60	09430-YL-9-1	特色街道铺装　景观标高点及尺寸定位				
61	09430-YL-9-2	商业街铺装及尺寸平面				
62	09430-YL-10-1	1,2,3,5地铺铺装(索引图)1重详图				
63	09430-YL-10-2	采光井详图　花岗岩汀步详图				
64	09430-YL-10-3	停车场详图　回车场详图				
65	09430-YL-10-4	园路详图				
66	09430-YL-10-5	围栏详图及水池做法				
67	09430-YL-10-6	标准横断面图一、二				
68	09430-YL-10-7	实景图片				
69	09430-YL-10-8	题字景石				
70	09430-YL-10-9	宁芜铁路防护林带示意				

图 2-31　目录

施工说明：

(1) 本项目为南京海德·名城世家(A块)住宅小区环境景观设计。

(2) 本图所示尺寸除注明外均以毫米计。

(3) 总图标高为绝对标高，单位以米计。

(4) 本设计中混凝土构件的尺寸、位置，形状以结构图为准。

(5) 本工程应严格按照国家及有关部门颁发的施工规范和验收标准施工，在施工过程中各专业图纸应配合使用，如发现有矛盾时，应及时与设计单位及建设单位联系、协商解决。

(6) 绿化种植需带冠移植并适当修剪疏枝。

(7) 所有硬质图的绿化为示意，具体栽植以绿化为准。

(8) 地下车库顶板防水及排水做法另详人防施工图。

(9) 所有自然置石均为河滩石。

(10) 花坛高度超过500，预留泄水孔，孔径50，间距1500。

(11) 地形等高线回填土标高为回填经3个月沉降后的标高。

(12) 所有砖砌体除特殊注明外均为M5水泥砂浆砌筑砖墙。

(13) 抗震设防：抗震设防烈度为七度。

(14) 材料：

混凝土强度等级：垫层C15，梁、柱、基础C25。

钢筋：Φ 表示HPB235级钢，Φ表示HRB335级钢。

墙体：-0.060以下采用MU10机制粘土标准砖，M5水泥砂浆砌筑；

-0.060以上采用MU10承重空心砖KP1，M5混合砂浆砌筑。

(15) 凡与墙体相连的构造柱须在柱内设置拉结筋，沿墙高Φ6#500布置，锚入柱内200，锚入墙内 1000 或砌墙宽度。

(16) 所有圈梁必须于该层墙砌筑完毕后浇筑，构造柱在其相邻墙体砌筑后浇筑。

(17) 基础底须落在地面顶板层。

(18) 预留管道及孔洞详见建筑、水和绿化图。

(19) 本施工说明未及部分按照国家现行有关规范、规程及规定执行。

相关构造做法：

沥青路面(小区主干道：用于4米及4米以上宽的沥青路面)： (1) 40厚沥青混凝土面层压实（细粒）。 (2) 180厚碾压C25混凝土。 (3) 200厚C60～80碎石压实，灌M2.5水泥砂浆。 (4) 路基碾压密实＞98%（环刀取样）	植草彩砖地面(用于停车场)： (1) 60厚绿色植草砖。 (2) 30厚中砂层。 (3) 150厚C15素混凝土。 (4) 200厚碎石垫层。 (5) 素土夯实	卵石地坪： (1) 60厚C20细石混凝土嵌砌卵石面层。 (2) 20厚粗砂垫层。 (3) 150厚碎石或碎砖，灌M2.5水泥砂浆。 (4) 素土夯实	金属漆： (1) 调和漆二度。 (2) 刮腻子。 (3) 防锈漆或红丹一度。
面包砖路面(用于人行)： (1) 60厚面包砖。 (2) 30厚1：3水泥砂浆。 (3) 80厚C15混凝土。 (4) 150厚卵石或碎石，灌M2.5水泥砂浆。 (5) 素土夯实	塑胶地坪： (1) 塑胶面层。 (2) 30厚沥青混凝土（最大骨粒粒径15）。 (3) 40厚粗沥青混凝土（最大骨粒粒径15）。 (4) 150厚天然砂石压实（大块骨粒占60%）。 (5) 素土夯实	花岗岩贴面： (1) 花岗岩。 (2) 10厚1：2水泥砂浆黏结组。 (3) 10厚1：3水泥砂浆打底。 (4) 基底处理	木基层清水漆： (1) 清漆二度。 (2) 刷油色。 (3) 满刮腻子。 (4) 底油一度
面包砖路面(用于车行，单坡排水，横坡1.5%)： (1) 60厚面包砖。 (2) 30厚1：3水泥砂浆。 (3) 120厚C25混凝土。 (4) 200厚卵石或碎石，灌M2.5水泥砂浆。 (5) 路基碾压密实＞98%（环刀取样）	碎拼花岗岩铺铺，卵石嵌缝： (1) 1：2水泥砂浆灌缝，表面平整。 (2) 20厚碎拼花岗岩铺铺，卵石填缝。 (3) 25厚1：3干硬性水泥砂浆。 (4) 50厚细石混凝土。 (5) 150厚碎石或碎砖，灌M2.5水泥砂浆。 (6) 素土夯实	文化石贴面： (1) 1：1水泥砂浆勾缝或用专用勾缝剂勾缝。 (2) 6～12厚文化石（在文化石贴面上随贴随刷一道混凝土界面处理剂，增强黏结）。 (3) 10厚1：2水泥砂浆粘接层。 (4) 10厚1：3水泥砂浆打底扫毛。 (5) 刷界面处理剂一道	木基质调和漆： (1) 调和漆二度。 (2) 底油一度。 (3) 满刮腻子
花岗岩路面(用于人行)： (1) 花岗岩。 (2) 30厚1：3水泥砂浆。 (3) 80厚C15混凝土。 (4) 150厚卵石或碎石，灌M2.5水泥砂浆。 (5) 素土夯实			
花岗岩路面(用于车行，单坡排水，横坡1.5%)： (1) 花岗岩。 (2) 30厚1：3水泥砂浆。 (3) 120厚C25混凝土。 (4) 200厚卵石或碎石，灌M2.5水泥砂浆。 (5) 路基碾压密实＞98%（环刀取样）	洗石米地面： (1) 10厚1：2水泥石子粉面，水刷露出石子面。 (2) 素水泥浆结合层一道。 (3) 20厚1：3水泥砂浆找平层。 (4) 80厚C15混凝土。 (5) 150厚卵石或碎石，灌M2.5水泥砂浆。 (6) 素土夯实	洗石米墙面： (1) 10厚1：2水泥白石子或彩色石子粉面，水刷露出石子。 (2) 刷素水泥浆一道。 (3) 12厚1：3水泥砂浆打底。 (4) 刷界面处理剂一道	

图 2-32　施工说明

图 2-33　分区索引平面

图 2-34　竖向标高平面

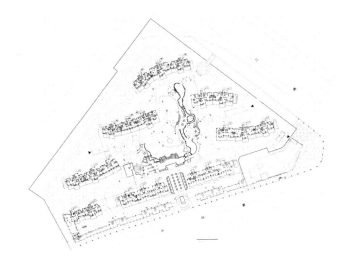

图 2-35　网格定位平面

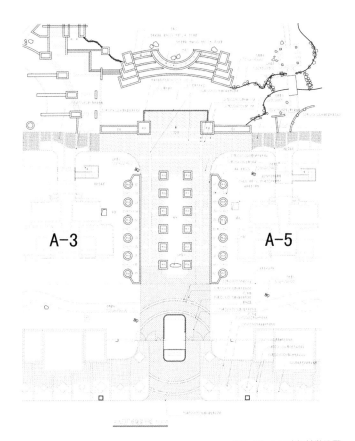

图 2-36　入口广场铺装平面

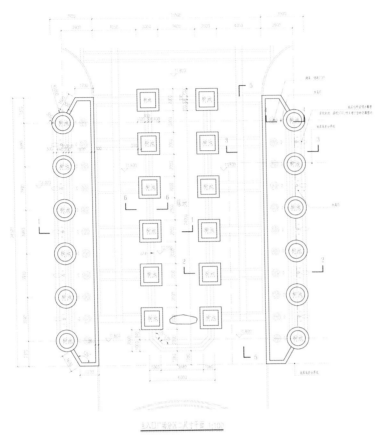

图 2-37 主入口广场分区二尺寸平面

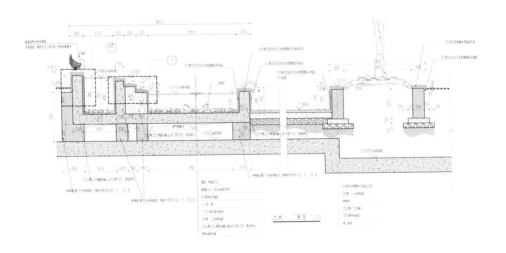

图 2-38 水池剖面一

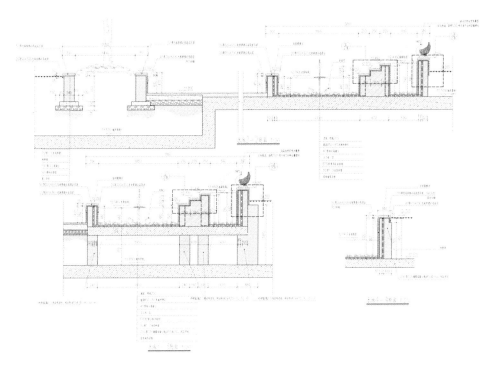

图 2-39　水池剖面二

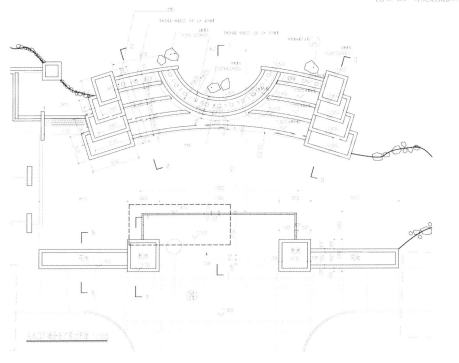

图 2-40　主入口广场分区三尺寸平面

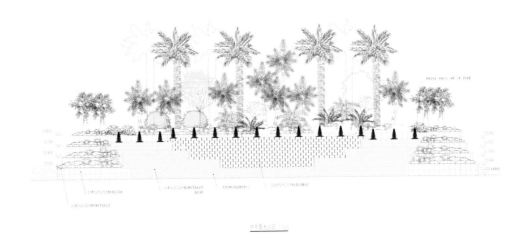

图 2-41 特色跌水立面

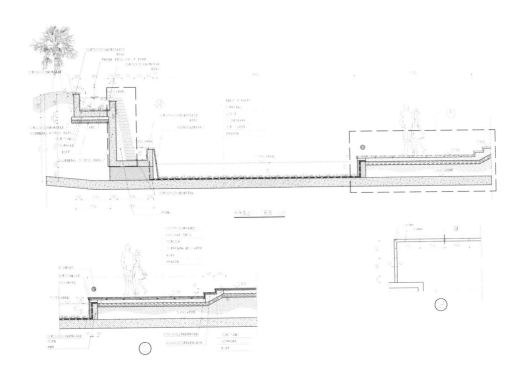

图 2-42 特色跌水剖面一

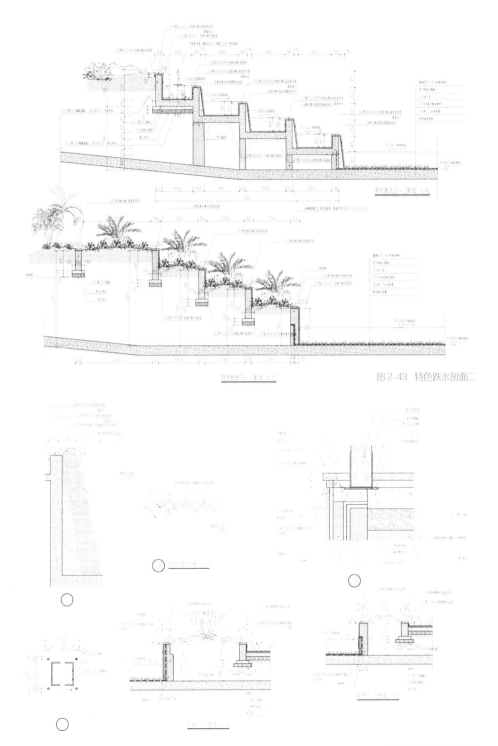

图 2-43　特色跌水剖面二

图 2-44　其他节点详图

2.3 后期服务阶段

与建筑设计、室内设计相比，园林景观有其设计的特殊性。因其设计的很多元素，如地形、石景、植物、水体等在现场的可变性很大，例如绿化设计，尽管施工图纸中已经标明了苗木的品种、规格以及种植位置，但苗木的具体形态与现场空间组合所形成的实际效果变数是很大的，此时就需要设计师与甲方、监理方、施工方一道去苗圃确定苗源，并在种植时给予现场指导。园林石景亦是如此，一般重要的山石景点，图纸中会标明石品及大小，甚至绘出石景立面示意图，但毕竟大自然中不可能找出与示意图完全相符的山石材料，如果设计师参与选石，并给予现场施工指导，就能很好地控制景观效果。总而言之，"三分设计，七分施工"。如何使"三分"的设计充分体现、融入"七分"的施工中去，产生出"十分"的景观效果，是设计师后期配合施工所要达到的工作目的。

2.3.1 施工前期服务

施工前需要对施工图进行交底。甲方拿到施工设计图纸后，会联系监理方、施工方对施工图进行看图和读图。看图属于总体上的把握，读图属于对具体设计节点、详图的理解。之后，由甲方牵头，组织设计方、监理方、施工方进行施工图设计交底会。在交底会上，甲方、监理、施工各方提出看图后所发现的各专业方面的问题，各专业设计人员将对口进行答疑。一般情况下，甲方的问题多涉及总体上的协调、衔接，监理方、施工方的问题常涉及设计节点、大样的具体实施。双方侧重点不同。由于上述三方是有备而来，并且有些问题往往是施工中的关键节点，因而设计方在交底会前要充分准备，会上要尽量结合设计图纸当场答复，现场不能回答的，回去考虑后尽快做出答复。另外，施工前设计师还要对硬质工程材料样品以及对绿化工程中的备选植物进行确认。

2.3.2 施工期间服务

施工期间，设计师应定期或不定期地深入施工现场解决施工单位提出的问题。能解决的，现场解决；无法解决的，回去要根据施工进度需要协调各专业设计后尽快做出设计变更图来解决。同时，也应进行工地现场监督，以确保工程按图施工。要参加施工期间的阶段性工程验收，如基槽、隐蔽工程的验收。对于一些建设周期十分紧迫的重大工程，设计师更要勤下工地，结合现场客观地形、地质、地表情况，做出最合理、最迅捷的设计。设计师的施工配合工作也随着社会的发展、与国际合作设计项目的增加而上升到新的高度。配合时间更具弹性，配合形式更趋多样化。

2.3.3 施工后期服务

施工结束后，设计师还需要参加工程竣工验收，以签发竣工证明书。另外，有时在工程维护阶段，甲方要求设计师到现场勘察，并提供相应的报告，讨论维护期的问题及对策。

第3章 居住区景观方案规划设计

- 设计原则
- 基地条件
- 立意构思
- 景观布局

　　居住区景观方案的规划设计是用具体的方法，翔实地表达设计思想的过程。由于居住区景观比较复杂，需要将项目分为几个阶段来进行，确定每个阶段需要完成的内容以及控制相应的时间节点，对规划设计工作的如期完成十分重要。不同时期需要向业主以图文并茂的形式展现设计进度，需要展示的资料包括相应区域的图纸。在展示过后，将该方案成果报相关部门审批通过后，方可进入下一阶段。以下是某小区方案设计的工作安排流程表（表3-1）。

表3-1 方案设计流程表

项目名称：_____　进度时间：____月____日至____月____日

项目地址：_____　项目面积：_____

主笔设计师：_____　助理设计师：_____

序号	设计流程	时间	内容	备注
1	资料收集（_____工作日）	__月__日 __月__日 __月__日 __月__日 __月__日 __月__日 __月__日 __月__日 __月__日 __月__日	1. 甲方提供资料 （1）CAD 规划总平面图。（ ） （2）建筑底层平面图。（ ） （3）场地标高。（ ） （4）建筑管网图。（ ） （5）建筑设计文本。（ ） （6）项目预售价范围。（ ） （7）计划景观工程投入单价。（ ） （8）甲方领导意图取向。（ ） （9）销售、策划公司意图。（ ） （10）建筑设计院对项目的设计取向。（ ）	
		__月__日 __月__日 __月__日 __月__日 __月__日	2. 设计再丰富资料 （1）项目现场照片。（ ） （2）项目城市照片。（ ） （3）甲方、销售等单位所要求的项目意向图、效果图等收集整理。（ ） （4）市文化资料，包含：人文、历史、民俗、气候特点、经济特色、城市发展导向等。（ ） （5）针对项目情况和甲方意图，对项目风格做初步定位及资料整理。（ ）	
		__月__日 __月__日	3. 整理资料 （1）综合相关资料寻找文化联系。（ ） ①甲供信息与项目定位的联系。（ ） ②甲供信息与城市文化的联系。（ ） （2）制定文化主线。（ ） ①列出可挖掘文化主题，确定其相关联系。（ ） ②寻找与该主题相匹配的图片。（ ）	

续表 3-1

序号	设计流程	时间	内容	备注
2	概念方案 （_____工作日）	___月___日 ___月___日 ___月___日 ___月___日	（1）概念草图：对整体空间进行划分、主干路安排、轴线分析。（　） （2）功能分析：对各功能进行分区定位，确定功能分布，并确定设计主题。（　） （3）组团分析：对各功能组团进行文化定位，并对组团文化进行分析。（　） （4）细化草图：细化概念草图，并在彩色平面图中绘制内部交底。（　）	
3	文本内容制作 （_____工作日）	___月___日 ___月___日 ___月___日 ___月___日 ___月___日	（1）制作彩色总平面图。（　） （2）方案 CAD 描图及剖面图。（　） （3）景观建模及效果图。（　） （4）分析图制作。 ①道路分析。（　） ②功能分析。（　） ③视线分析。（　） ④水循环利用分析。（　） ⑤标高分析图。（　） ⑥夜景分析图（夜景总平面图、结合项目的灯具意象、分区灯光设计说明）。（　） ⑦材料分析图（材料总平面图、景观资材设计说明、材料意向）。（　） ⑧绿化分析图（绿化分布平面、绿化设计构思、分区绿化设计图）。（　） ⑨基础设施分布图（基础设施分布总平面图、设施设计说明、节点效果、意向图）。（　） ⑩项目综述（总结设计意图）。（　） （5）经济分析。 ①活动广场面积。（　） ②车道面积。（　） ③停车位面积。（　） ④园路面积。（　） ⑤绿化面积。（　） ⑥水景面积。（　） ⑦廊架、景观亭、保安亭、雕塑、景墙，其他基础设施。（　） ⑧水电设备。（　）	
4	排版及综审 （_____工作日）	___月___日	对版面进行设计，并对内容图片及文字不足部分进一步补充并审核	

注：资料来源于《居住区景观设计全流程》。

3.1 设计原则

3.1.1 以人为本原则

居住区景观的服务对象是人，居住区环境景观设计中物质空间形态并不完全是设计的目的，它最终要供人居住，为人的生活服务。如果没有人的参与互动，没有人生活其间，居住环境就犹如一个没有演出者的舞台，是毫无意义的。因此，居住区景观设计应当以人为中心，其关注焦点首先应该是人。

1）实用原则

绿化、活动场地器械、日照采光、通风都会涉及实用范畴。在设计开始之前，要对整个居住区进行朝向和风向的分析，有利于组织好居住区的风道。人在夏天需要自然风，冬天需要避风，这就需要设计者在规划中考虑到这两大季节因素。要分析建筑以及景观建筑物和园林绿化对阳光的遮挡作用，在进行景观规划时考虑到向阳面和背阳面的处理，人们在冬天需要充足的日照，而在夏天又需要遮阳。还有交流场所，运动器械的尺度、材质等问题，注意交流场所的放与收的结合，运动器械方位的设置要面面俱到。比如设置在室外的，要考虑到冬天人们边晒太阳边做运动的需要，设在棚架或架空层里的健身器械，要考虑人们做健身运动时能够风雨无阻。另外，在满足实用的前提下，居住区景观设计的舒适性也十分重要，活动器械使用的舒适性，活动空间使用的舒适性等，能让居民体验轻松、安逸的居住生活。因此，优秀的居住区景观不仅是停留在表面的视觉形式中，而是从人与建筑协调的关系中孕育出精神与情感，以优美的景致深入人心。

2）安全原则

人的生存、生活需要安全感，在居住区环境景观方面体现在其设计对居民人身、财产的一种关爱。能满足安全的基本设施，比如围墙、篱障，能有效隔离居住区与外界，隔离想要非法进入居住区的人。另外水景安全措施的设计，一般来讲居住区的水景水深不宜超过60厘米，而且应做好防护措施，水景往往建造在居住区的中心区域，居民集中活动的场所。幼儿喜欢在水景边玩耍，除了设置安全护栏以外，还可采取多种其他形式，比如设置浅水驳岸、卵石沙滩，让近岸处深度较浅，设置篱障等。其他有可能引发安全问题的小品或设施，比如挑出的平台，抬高的亭、阁等，在设计时都应考虑周到，防患于未然。而这些安全设施不能因为它的功能而忽略了美观，在整个景观设计中成为败笔，应让它统一在环境的整体当中，做到视线收放有致，遮隐得当。这样才能给居民安全、安心的感觉，营造居住区的归属感。

3）人性化原则

在外部空间景观设计中，还需满足居民的心理需求。健康与交流是人们必需的生理和心理需求，能有效缓解居民的生活压力，淡化陌生感，促进人与人之间的和谐。为此，将外部空间景观环境塑造成具有浓郁居住气息的家园，创造既有利于身心健康又有利于邻里交往的场所，可以使居民感到安全、温馨及舒适，产生归属感，被居民所认同。

3.1.2　生态原则

　　用材上生态（尽量取材于当地），植物设计上生态，工艺上生态，如雨水收集等。作为人们生活的自然环境，生态环境为人类的生存和发展提供了容器与背景。居住环境设计的生态原则，就是将人工环境与自然环境有机结合，在满足人类回归自然的精神渴望，使居住者的生活更加接近自然的同时，促进自然环境系统的平衡发展。同时，居住区的营建也应遵循地域差异原则，因地制宜地进行居住环境建设。

3.1.3　经济原则

　　优质的景观绝不是高档材料堆砌而成的，高品质不等于高价格，无论开发商怎么愿意为景观付出投资，设计师都应从营造和谐、节约型社会的角度出发，根据实际情况有效地利用资金。实际上居住区更需要的是质朴而自然的景观，有时高档的材料反而会使人产生疏离感，弄巧成拙。所以，当今的景观设计师应致力于研究如何用最少的钱营造最适宜的景观，经济实惠是景观设计师不容忽略的原则。

3.1.4　美观原则

　　美观是业主进入小区后对景观最先感受，也是在目前居住区的营销当中很重要的一个要素，前面讲到的几个原则是要在使用当中慢慢才能感悟到的，而美观则是人们对景观环境的第一印象，没有了这第一印象，他可能就不会成为这个小区的业主，那他也就无法感受到设计师为环境景观经济、实用、安全所付出的努力了。景观包括软质和硬质两个方面。软质也就是绿化是否根据季相合理搭配落叶与常绿乔木，是否做到了四季都有色彩上的变化；硬质方面表现为用材是否与建筑和谐统一，铺装方式是否与建筑取得某种延续，环境景观中是否有得当的开、合、闭、转空间，当然还包括各种设施、小品的细节设计是否合理，工艺是否精湛。居住小区景观设计中的所有内容，都以满足功能需求为基本要求，这里的"功能"包括"使用功能"和"观赏功能"，两者缺一不可。

3.1.5　地域性原则

　　地方特色来自对当地的气候、环境、自然条件、历史、文化艺术的尊重与发掘。树木的选用、园林小品的设计，均要突出地方和当地文化特征，从而呈现出不同园林绿地的特色，不盲目模仿他人，防止千园一面的雷同现象。特色的小区风貌愈来愈被人们所追求，如重庆龙湖香樟林，小区保留和适当移植了基地中原有的数十棵香樟树，营造出小区优美的绿化环境。同时居住区景观还应充分利用区内的地形地貌特点，塑造出富有创意和个性的景观空间。

3.2 基地条件

一个完整的景观设计过程主要可以概括为两个阶段，即认识问题、分析问题的阶段与解决问题的阶段。从某种意义上说，前者决定后者。对基地条件的研究就是设计的前期阶段，是对问题进行认识和分析的过程。

3.2.1 条件清单

设计是有目的而为之，有了需求才有设计。所谓设计就是人们主观需求与所能提供的客观条件的耦合，因此，在设计之初就要弄清楚客户与受众人群到底需要什么，设计目标又是什么，同时还要对场地的限制因子进行深入研究。设计的过程就是根据人们的主观需求而对客观现实进行合理改变，从而使其能满足人们的主观需求。对基地条件的研究主要分为两个部分，首先要了解基地条件清单，然后对这些条件清单进行分析。

1）基地现场条件

实际上，居住区景观设计的现场条件并不代表基地现状本身，更多考虑的是小区的总体规划与设计，包括规划总图、建筑单体、地库及其他设施设计等。小区总体规划与设计是景观设计中最基本的依据，也是景观设计的平台，合理的小区总体规划可以为居住区留出较大的中心绿地、宅间绿地等。

景观设计的内容和指标都要在小区总体规划规定的范围内来确定。总体规划建筑与道路的布局形态决定和制约了居住园林景观的布局与形态。总体规划还确定了产品形式，该项目适合做哪种产品形式，如别墅、多层、小高层、高层或是复合地产等，每一种形式所带来的景观设计条件是不一样的。另外，总体规划对项目风格也有界定，根据不同项目的不同受众，开发商和策划方会通过种种途径，比如通过以往的经验、问卷调查、对成功案例的分析等，赋予项目一种适合特定消费人群年龄及心理特征的产品风格。产品风格则包括建筑风格、景观风格以及项目的整体视觉形象等。项目风格的定位决定着居住区景观设计的方向，设计者必须在风格定位的基础上予以整合、升华，而不是照搬照套。在风格上，景观应沿袭建筑的特色，保持建筑立面上的某些元素，使景观与建筑融为一个整体，而不能与建筑格格不入。

在景观设计中，要了解小区总体规划中建筑单体底层出入口的位置以及与室外标高的衔接情况；考虑各建筑一层平面是否能让我们清楚地看到小区内的各功能分区，比如有无沿街商铺、架空层等；小区总体规划中的室外地库、地下管线及其他地下构筑物也是园林景观规划设计中所必须考虑的因素；园林景观设计中要充分考虑地下设施的埋深及覆土情况，也要考虑地库各出入口分布位置情况；在园林景观中的树木、建筑小品的安排不能与地下构筑物发生冲突；小区总体规划的消防要求在园林景观设计中要加以考虑，如道路景观的规划设计往往要注意消防通车要求，一些居住绿地中的空地和草坪还要考虑作为消防登高场地处理等。

在景观设计之初，需要对甲方所提供的建筑规划总图、建筑一层平面图、地库平面图等资料进行整理及汇总，厘清景观设计现场限制条件，从而制作一张园林景观设计依据总平面图（图3-1）。

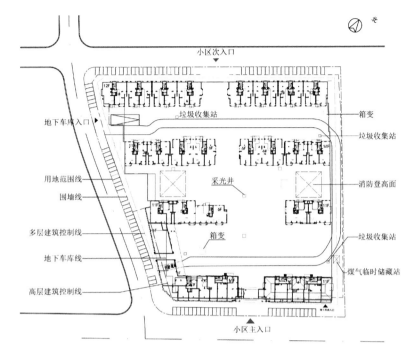

图 3-1　设计依据总平面图

（1）标出用地红线、园林景观设计范围线、建筑控制线等。

（2）一般甲方提供的规划总平面图中各个建筑单体位置为建筑屋面图，在园林景观设计中无法确定各建筑出入口位置，因此需要用建筑底层平面图来替换规划总平面图中的各个建筑屋面图。

（3）标明室外地库的范围线及地库顶板标高，各地库出入口、采光井、通风口等在总平面图中的位置。

（4）影响园林景观的其他地下设施的位置及深度情况。

（5）标明室外场地的规划竖向标高。

（6）标明车行道、消防通道及消防登高场地的位置。

（7）标明小区中室外配电箱、垃圾处理站等设置的位置。

（8）其他与园林景观设计相关标注，如保留现状树木位置等。

2）委托方要求

委托方的要求在设计中需要首先加以尊重。除了设计任务书中的要求外，还要认真倾听委托方口头表述的设计想法。设计师最好能找到机会与委托方设计决策者直接交流，了解其意图甚至其个人喜好，这样在设计中能少走很多弯路。

3）受众人群需求

曾有房地产业界营销方对促使老百姓购房的主要因素做过调查。调查显示，普通人群，也就是首次购房人群，他们选择房子的首要因素是地段，其次是户型，再次就是整个小区的景观；

而高收入人群，也就是二次、三次购房人群，属于经济条件比较宽裕，住房条件已不再满足于功能需求，而是想通过再次购房使生活环境更优越的一类人群。这类人群一般拥有一辆以上私家车，因而不那么重视小区地段，因购房的面积超大而不是非常挑剔户型，居住区的景观品质成为他们所关注的重要购房条件。

策划方会根据项目地段、地形等综合因素为项目锁定特定的消费人群，比如地段偏远，则适合建造别墅产品，特定的消费人群则是那些有经济实力的高收入人群；而地处繁华地带，则适合建造小高层或高层（根据容积率而定）小户型的产品，消费人群则为那些创业初期，要求工作和住家半径较短的年轻人等。而这些特定的受众人群由于工作经历、社会背景的差异，对住家环境景观的要求和品位也会有所不同。这些都是设计者需要关注的。

优美的环境景观不仅可以美化住区环境，还可创造出和谐融洽的邻里交往氛围。住区环境景观不仅要提高绿地率，还应具有园林的某些特性，给生活在其中的人带来一种亲和力，满足居住者生理、精神上的双重需要，给住户提供一个安全、优美、舒适，有归属感的情感场所。因此，居住区环境景观设计不仅是设计场所、空间及其内容，而且是体验，即住户乐于其所、情融其中的真实感受！现代居住环境设计在强调功能分区、软硬地面处理、植物配置和环境小品设置的同时，更要关注受众人群的真实需求。要想设计出情意浓浓的居住区环境景观，让住户在环境中领略精神的愉悦和心理满足，就要认真洞察住区的主人，了解他们的人数规模、职业构成、年龄结构、文化层次、共同习惯、经济基础、家庭结构和价值观念等。要考虑居住区所在地区的地域性，不同地区的人们都具有不同的生活习惯和文化语境，居住绿地规划设计应针对不同地方的地域特征进行构思与景点设置，从而设计出特色鲜明的绿地景观。

4）相关政策法规

（1）城市规划对居住区景观设计的要求。政府在对城市规划的宏观调控中，会对居住区环境做出要求。居住区作为城市的一个重要组成部分，理应对城市环境做出应有的贡献，它的建成应给城市以美感，和谐地融入城市环境中。政府规划部门会对居住区景观的绿地率、停车位、消防等方面做出要求，而设计者必须在满足这些要求的基础上优化居住区的环境。

（2）针对居住区景观设计本身的法律规范。包括国家及地方有关的设计规范，住房与城乡建设部住宅产业化促进中心发布的《居住区环境景观设计导则》对居住区景观设计的原则、景观环境的营造以及相关指标都有明确规定，而地方性的设计规范则对小区景观的绿地率、绿化覆盖率等都有相关要求。如《昆明市城镇绿化条例》中规定，新建居住区绿地率不低于40%，老旧居住区改造不低于25%。

5）基地所在区域条件

（1）自然条件。即项目用地的地形，是指项目用地上有无高差，有无保留山体、保留名贵或古老树种，有无自然水体等。这都是居民区环境的一些自然资源，当然也会由此而产生一些问题，需要在设计中予以解决，比如靠山的挡土墙设计、靠水的护栏设计等。另一方面，项目所在地的气候、当地的植被区视情况也是要考虑的因素。

（2）周边条件。指该项目用地周围的一些环境资源，如公园绿地、体育设施等。作为居住区，周边的资源是可以在环境中有机整合的，以提升小区环境的品质，也是可以借景的一些因素。

3.2.2　条件分析

1）人的需求分析

居住区景观最终是为居民而设计的，要考虑居民的室外活动需求，如晨练、跳舞、集会、打牌、下棋、健身、运动、游戏、闲聊、读书、看报等，应该根据居民的这些需求布置适当的活动设施，主要内容如下所述。

多功能活动广场：可以在组团绿地中集中安排较大场地，供居民晨练、跳舞、轮滑、看露天电影以及其他各类社区活动等。广场的铺装要平整，面积要大，以方便居民活动。夜间照明应充足，一般应在广场周边设置位置较高、功率较大的广场照明灯具。

儿童游戏场：安排各类游戏活动区域，如沙坑、涂鸦墙、游戏攀爬墙、滑梯、秋千等，以供不同年龄层次的孩子们玩乐。需要说明的是，由于孩子尤其是低龄幼儿通常需要家长陪同，所以成年人交谈、休憩的场所一般设在游戏场边，这样孩子可以在游戏场中玩耍，大人们可以在旁边闲聊、谈心。

老年人活动场地：可以适当安排场地及休息桌椅以满足老年人遛鸟、唱戏、下棋、锻炼、聊天、晒太阳等较为常见的活动内容。老人与孩子由于闲暇时间较多，对于居住区景观设施的利用频率较高，因此在居住区景观设计中要给予他们更多的关注。

健身运动场地：安排场地并设置一些健身活动器材。较大型的社区还可以设置游泳池、篮球场、网球场、羽毛球场、门球场等，如有条件，还可以结合架空层设置乒乓球场。

小型休憩空间：可以结合组团绿地或宅间绿地设计一些小型休憩空间，并布设休息座椅、景观亭廊等，以满足居民安静休息的需求。

2）场地分析

对问题有了全面透彻的理解后，基地的功能和设计的内容也自然明了了，正如凯瑟琳 · 鲍尔所说的"任何规划本质上不过是达到具体目标的特定方式的安排"。所以，认识问题和分析问题的过程就更加重要。居住区景观规划的场地分析并不是分析场地现状本身，更主要的是分析居住区总体规划的内容，根据上文所完成的园林景观设计，依据总平面图进行用地分析，分析居住区总体规划所提供的建筑形态、空间布局、竖向变化等要素，从而做出合适的景观设计方案（图 3-2、图 3-3）。

另外，场地分析阶段还有可能出现类似这样的情况：甲方并不是在居住区总体规划完全确定的情况下请景观设计师介入景观设计，而是在总体规划还没有定稿前请景观设计师介入，从而使得景观设计师有机会与居住区规划师进行互动，对居住区总规从景观的角度提出调整意见，并使居住区总规与景观设计有着更好的衔接（见本书第 4 章 4.1 节合肥文景雅居园小区景观与第 6 章 6.1 节镇江驸马山庄小区案例分析）。由于地产商对景观越来越重视，上述情况已经越来越普遍了，甚至请景观设计师直接操刀居住区总体规划的情况也开始出现。

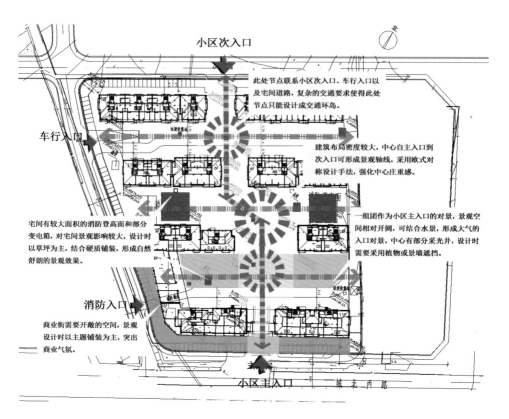

图 3-2　浙江台州仙居晶都诚园小区景观场地分析

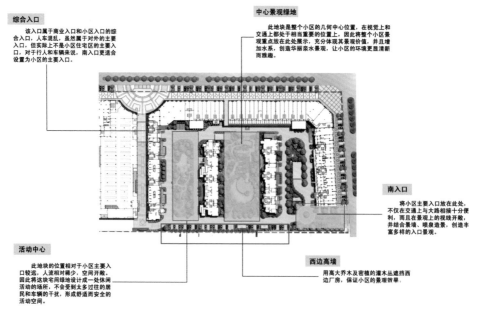

图 3-3　江苏扬州宝应鸿盛新城小区景观场地分析

3.3 | 立意构思

　　所有设计都讲究文化内涵，不过建筑设计的艺术发挥更多的是受到功能要求的限制，而园林景观在创作方面则更为自由。设计之前，应将地块看作是艺术品，意象在先，这样才能将平面布局和主要的景点、节点有机地组织在一个统一的立意之下，做到形散而神不散。尤其对于面向大众市场的城市居住区的环境景观，更需要这样的立意。好的立意会让整居住区充满文化气氛，铸就特色景观，将来也会增强居住区业主的凝聚力、自豪感。

3.3.1. 构思的过程

　　构思的过程主要包括两个环节，即"放"与"收"的环节。

　　"放"的环节是构思的开端，是设计者对设计对象进行了充分调研与分析后，开始酝酿构思设想的过程。这个环节就是开放的、发散的、感性的、思维活跃的环节，可以放开去想，甚至是天马行空、不受限制。因此，往往各种新颖的、奇思妙想的点子都是在这个环节产生的（图 3-4）。

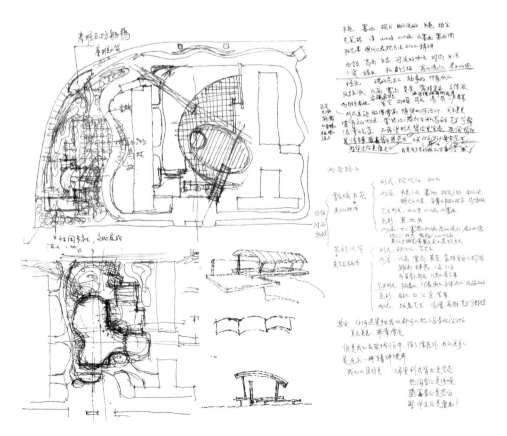

图 3-4　构思草图及文字
注：作者的经验就是在这个环节把各种构思的文字与图形随手涂鸦在稿纸上。

当构思得差不多的时候，就开始进入"收"的环节。"收"是构思收尾的环节，是把"放"的环节中所产生的各种点子进行筛选与梳理的过程。可行的、有用的点子进一步深化，不可行的、无用的点子果断去除。这个环节也是思维收拢的、严谨的、理性的环节。

一"放"一"收"的构思过程既保证了方案的创造性，又保证了方案在实施过程中的可操作性，是方案构思的常用方法。

3.3.2 构思的来源

一般来说，居住区景观立意构思的来源众多，以下为常见的构思来源。

1）根据居住区楼盘总规与策划来进行立意构思

这是最常见的立意构思做法。事实上，在很多居住区景观设计之前，往往居住区总规与策划先行。居住区总规与策划作为居住区景观设计的上位规划，已经给居住区景观框定了大体的方向、定位、风格调子与主题，景观设计就是在这些框定内容下所进行的一些具体的形象深化与表现。

案例1：安徽合肥"江南书苑"小区景观立意构思

小区案名为"江南书苑"，因此，小区景观抓住"君子"这一主题，以"君子之交淡如水"的思想为切入点，在环境设计上注重水景的多种运用，一方面隐喻了名君家园的居住者似"水"般的高雅脱俗的文化品位与审美情趣，另一方面又丰富了景观空间，表达了山水诗画的美学境界。此外，小区景观在综合运用现代景观设计手法的同时，还借鉴水景处理、建亭造桥、叠石堆山等传统造园手法，体现了中国古代君子的文化内涵，形成了有着鲜明江南特色的小桥流水景观，从而创造出了一个宁静温馨、纯洁自然、格调高雅的江南文化书苑人居环境（图3-5~图3-7）。

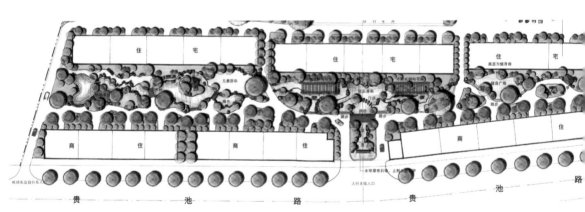

图3-5 合肥"江南书苑"小区景观总平面

图 3-6 小区景观实景

图 3-7 水岸景观

案例2：江苏盐城盛世名都小区景观规划设计

小区景观营造在综合运用多种现代景观设计手法的同时，借鉴欧式园林造景手法，融入英国乡村田园风格和意大利托斯卡纳风格，再加上法国的浪漫色彩，体现异域风情，突出草坪、喷泉、跌水、壁饰、铁艺、台地、百叶窗和阳台，强调浪漫和神秘，故而将小区四个居住组团命名为爱丁堡花园、枫丹园、幻彩园、夏玫园（图3-8~图3-11）。

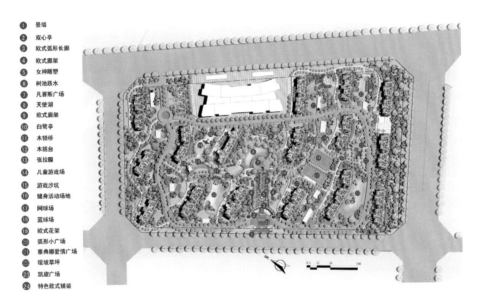

① 景墙
② 双心亭
③ 欧式弧形长廊
④ 欧式廊架
⑤ 女神雕塑
⑥ 树池跌水
⑦ 凡赛斯广场
⑧ 天使湖
⑨ 欧式廊架
⑩ 白鹭亭
⑪ 木锁桥
⑫ 木挑台
⑬ 张拉膜
⑭ 儿童游戏场
⑮ 游戏沙坑
⑯ 健身活动场地
⑰ 网球场
⑱ 篮球场
⑲ 欧式花架
⑳ 弧形小广场
㉑ 雅典娜爱情广场
㉒ 缓坡草坪
㉓ 凯旋广场
㉔ 特色欧式铺装

图3-8 盐城盛世名都小区平面

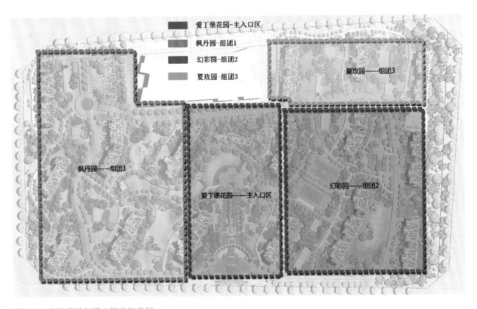

图3-9 盐城盛世名都小区功能分区

084

图 3-10 整体鸟瞰

图 3-11 中心景观鸟瞰

2）根据小区所在地区文化背景进行立意构思

不同地区的人们具有不同的生活习惯和文化语境，居住区景观设计可以针对不同地方的地域特征进行构思与景点设置，从而设计出特色鲜明的绿地景观。

案例1：江苏南京鸿仁名居小区景观立意构思

因为小区位于秦淮河畔，所以小区景观根据区域环境特色，将秦淮河畔深厚的、独具特色的历史文化底蕴渗透到小区中，体现秦淮地域温婉、灵动的风格，再现"河房水阁十里珠帘"的幽雅环境，使居民身心舒畅，远离城市的浮躁和喧嚣，充分享受秦淮夜色的悠闲怡然。轻盈的建筑小品"竹轩"、曲折幽深的"桃花溪"、宁静悠闲的"会鸟园"等景点的设置都是围绕着这一指导思想而展开的（图3-12~ 图3-14）。

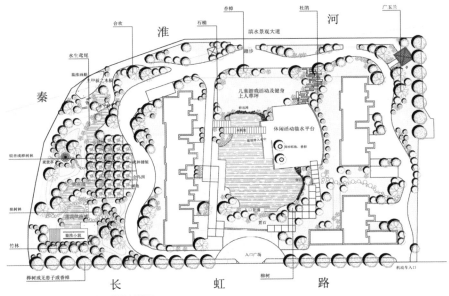

图3-12 南京鸿仁名居小区景观总平面

图3-13 南京鸿仁名居小区景观效果一

图 3-14　京鸿仁名居小区景观效果二

案例 2：江苏扬州蜀岗景宸小区景观立意构思

　　小区景观把盆景文化、画舫文化、园林文化、诗文绘画等扬州的文化资源巧妙地融入小区造景之中，打造出具有扬州地域文化的园林景观。在具体的造园手法上，运用叠山、理水、建筑、花木、陈设、诗文、绘画、雕刻等要素营造出一种意蕴深邃的文人园林，使人从中能感受到安适悠闲、情趣高雅、亲近自然的"城市山林"。青砖、灰瓦是小区园林建筑小品的主要素材，现代中式是小区景观的主要风格（图 3-15~ 图 3-18）。

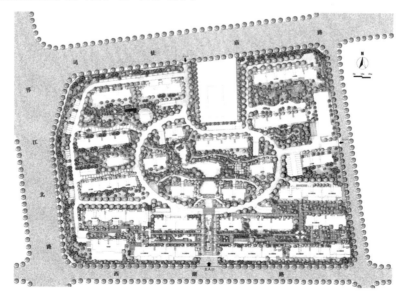

图 3-15　扬州蜀岗景宸小区景观总平面

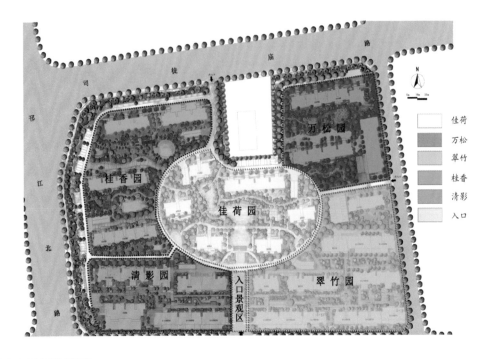

图 3-16　观立意构思分区

图 3-17　入口景观区

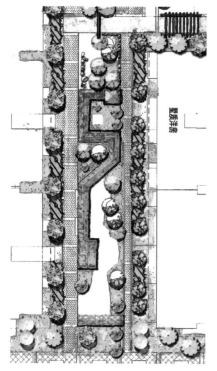

图 3-18 清影园

小区分为 6 个景观立意构思分区（表 3-2）：

表 3-2 扬州蜀岗景宸小区景观立意构思分区

序号	分区名称	意境	空间形态	功能	景点
1	入口景观区	小桥流水人家	清雅野趣	入口对景，渲染小区氛围	平桥、清溪、盆景
2	佳荷园（中心景区）	溢清香远，碧波映天	自然之风湖光山色	社区活动，健身休闲，儿童玩耍	五亭桥、静心亭、芙蓉台、藕香榭、熙春台、荷花水湾、曲廊环翠、扬州画舫
3	清影园	摇到四桥烟雨里，拨开一片水云天	院落空间，水曲巷深，借池水夸大空间感	安静休息	月观台、幽兰亭、翠云廊、曲池潆洄、片石假山
4	翠竹园	小桥流水人家	竹院空间	静思悟道	枯山水、花露幽居、梧竹幽居、清泉暗涌
5	桂香园	桂子花开，十里飘香	开敞空间，微地形起伏，空间变化丰富	集会锻炼，休闲娱乐	素香院、花影院、桂香廊、白石曲径、花簇园亭
6	万松园	夕阳无限好，只是近黄昏	微地形变化，道路自然穿插，形成丰富有趣的休闲漫步活动空间	安静休息，老人益智活动，休闲、散步	遛鸟林、丹枫院、弈趣广场、流畅亭台、松鹤延年、绚秋院

3）对小区的人文要素、自然要素等进行提炼从而形成立意构思

景观设计以意立景，以景生情，激发住户的"审美快感"，并在景观这一"感应场"里"触景生情""情景交融"。但居住区景观设计不同于一般城市公众性的景观设计，它服务的对象基本上是居住区的居民，更接近居民的日常生活。因此居住区景观设计要做到以人为本，其立意与主题要紧扣住区的主人。立意要表现出对居民的尊重，重视他们真实的本性和需求，尽量满足他们身体的、思想的和精神的需要，引起居民的情感共鸣。

案例：江苏南京摄山星城小区一期项目前期景观立意构思

小区景观设计的指导思想是"摄山脚下，景观融入生活的生态型休闲社区"。根据这一思想，对小区个分区的景观分别加以定位（图3-19~图3-23）。

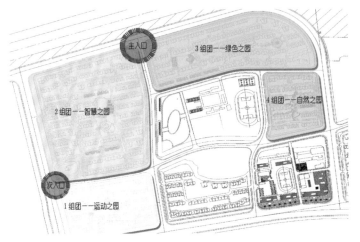

图3-19　南京摄山星城小区一期项目前期景观立意构思分区平面

图3-20　运动之园

图 3-21 智慧之园 　　　　　　　　　　　图 3-22 绿色之园

图 3-23 自然之园

（1）运动之园——小区一区景观。

该区中心绿地以运动为设计主题，以圆形的健身广场和方形的林荫广场为主，用柔美的圆和强硬的方来体现运动的刚柔结合，健身广场上放射形的铺装寓意运动会产生强烈的爆发力。地上不规则的曲线铺装展示了运动的韵律美，同时这也是一个亲子乐园，活泼的铺装形式正适合孩子们的天真烂漫，再随意布置一些废旧的水泥管作为儿童游戏设施，形成童真的儿童和童心未泯的成人共同的乐园。

（2）智慧之园——小区二区景观。

该区中心绿地以智慧为设计主题，以下沉式迷宫广场和棋艺天地为主，该中心绿地主要面向儿童，重在启发儿童的智慧。下沉式迷宫广场以椭圆形为基底，并用八卦图的形式布置迷宫矮墙，在矮墙上刻上迷宫趣闻、各种谜语以提高孩子们的兴趣，启迪孩子们的智慧。与迷宫广场紧邻的就是棋艺天地（为一棋盘式的弈趣广场），棋盘式的广场上散置一些棋子式的坐凳，整个布局仿佛一盘正在进行的棋局，等待着人们的参与。

（3）绿色之园——小区三区景观。

该区中心绿地以绿色为设计主题，因该区中心绿地较狭长，故分为两块：一块为圆形的四季花园广场，广场周边种植四季花卉；另一块为叶子广场和鸟语花香林，意为将绿色带进人们的生活，融入人们的气息。叶子广场以直观的绿色写意展示于人们面前，鸟语花香林以直接的绿色姿态呈现于人们眼中，营造出蝉噪林愈静，鸟鸣山更幽的意境。

（4）自然之园——小区四区景观。

该区中心绿地以自然为设计主题，中心区设计一下沉式的梨园戏苑广场，周围广种梨树，以树衬景，整个绿地用一条象征性的旱溪贯穿，不仅节省造价，而且趣味盎然，弥补了整个小区绿化设计中缺少水系的遗憾，整个中心绿地就像一个抽象的写意自然山水园，给人以自然的艺术景观之感。

3.4 | 景观布局

3.4.1 景观功能分区

建筑规划中道路规划往往没有考虑到景区的划分，做景观设计时我们可在合乎规范的基础上对道路进行二次设计，将整体居住区景观有机地划分区域。而我们的成果图中，应有功能分区图。划分区域首先要考虑的是"动"和"静"两大区域。

居住区的景观兼顾了"动""静"两大功能，居住需要"动"，即运动、健身，比如有的年轻人需要打球，所以居住区中会出现篮球场、网球场、羽毛球场等场地。除此之外，儿童玩耍需要的游乐场器械，老人跳舞、健身的集散广场以及住宅区所需要的配套商业区都属于"动"的部分。而人们休憩赏景、下棋等都属于"静"的部分。在设计时可将"动"的区域尺度放开一些，吸引人群，而"静"的区域则应适当缩小，人少了自然就"静"了。"动"的区域则应安排在远离住宅建筑物的区域，或集中设置，比如设置在会所，以免干扰居民的正常休息。功能划分，要在大致完成动静分区、人流分区之后再具体到某一动或静景区的具体功能，并明确该区域究竟是作为老人健身场地还是作为小区中心广场等。不同的功能区应该有不同的表现形式，其景观排布方式也大不相同。可以在纸上将各部分功能用简单的图示表示出来。它必须表达如下内容：

（1）主要的功能空间。

（2）功能空间彼此间的距离关系或内在联系。

（3）每个功能空间的封闭状况（开放或封闭）。

（4）屏障或遮蔽。

（5）从不同的功能空间看到的特殊景观。

（6）功能空间的进出口。

在这个阶段我们也可以做多个划分方案，通过深入的研究与对比，得出最适宜的景观布局组织方式，为进一步地深入设计打下良好的基础。否则，即使有好的创意，若没有一个合理的组织方式，也只能遗憾地放弃了。

案例：江苏盐城翰香花园小区景观功能分区

本项目位于风景优美的江苏盐城市中心，整个园林设计以时尚健康的文化为主线，注重绿脉、文脉、人脉的结合，融功能、景观、文化于一体，创造一个居民生活的"氧吧"，居民心目中的理想"家园"（图 3-24、图 3-25）。

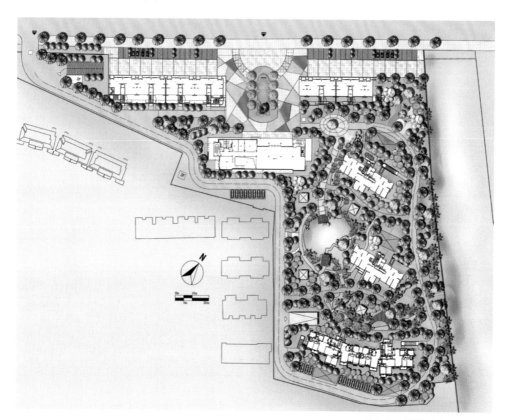

图 3-24 盐城住宅小区景观平面

图 3-25 观功能分区

（1）主入口广场景观（图 3-26）。

图 3-26 主入口广场景观

主入口广场设计方形的铺装，形成类似建筑的中厅空间。广场中间设计长方形花坛，花坛内放置造型优美独特的景观置石以及雕塑等，树池内种植高大挺拔的植物。整体铺装结合会所的建筑风格，大胆运用不规则的线条以及色彩鲜明的铺装材料，风格新颖时尚。

（2）小区入口叠水景观（图 3-27）。

图 3-27　小区入口叠水

小区入口叠水景观是整个小区景观精华部分的源头，水域几乎贯穿整个小区。它主要由溪源叠瀑和光阴水溪两个景点组成。景石堆叠以自然造型为主，旁边点植水生乔灌植物。沿着溪源叠瀑的水流往南走，经过地形狭长但地貌丰富的光阴水溪，该区水很浅，水中放置乱石，配以水生植物，人们可以在此嬉水玩耍，野趣陡升。

（3）中心景观区（图 3-28）。

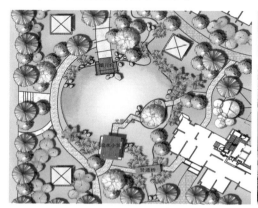

图 3-28　中心景观区

顺着狭长的光阴水溪向南走，进入豁然开朗的开阔水域，即进入中心景观区，它由浣水小筑、贤通桥和邀月台等主要景点组成。开阔的水域、伸入水中的木质铺装、临水的观景亭、水中的小岛组成了中心景观区。设计在追求自然生态的同时，加入了现代简约时尚的水景构建配置，如特色的池壁和木铺装等，整体效果清新自然又不失品位。

（4）休闲娱乐区（图3-29）。

休闲娱乐区主要依水景展开，营造了一个舒适的生活环境。临水花坛边的大片木质铺装成为居住者休憩聊天的好去处，闲来临水而坐，听流水涌动，用景观设计引导居住者发现生活的美。

图3-29　休闲娱乐区

（5）健身区（图 3-30）。

　　健身区铺装采用色彩各异的塑胶铺地，适合小区住户进行小型聚集、跳舞、打羽毛球等活动。广场上散置各种运动器械，方便人们进行各种锻炼。不规则集会广场形式较为活泼，丰富了整个园林绿地的构图。

图 3-30　健身区

3.4.2 景观平面构图

景观设计首先讲究的是平面构图，然后是竖向变化，把平面构图与竖向变化结合起来，就形成了丰富多变的景观空间。一个漂亮的平面构图方案更容易得到甲方的认可。

（1）构图的造型一般有自然式、规则式与混合式3种，其中混合式是将前两种构图方式融合于一体，本文不再举例阐述。

案例：江苏南京摄山星城小区一期项目二区西南角绿地平面构图（图3-31、图3-32）

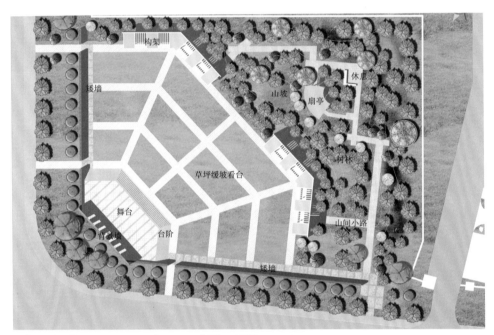

图3-31　方案一：规则式平面构图及效果图

图 3-32 方案二：自然式平面构图及效果图

（2）构图的图案又有方形、圆形、椭圆形、流线型及各种图案混搭等形式。

案例1：安徽淮北"巴黎印象"小区中心绿地平面构图（图3-13）

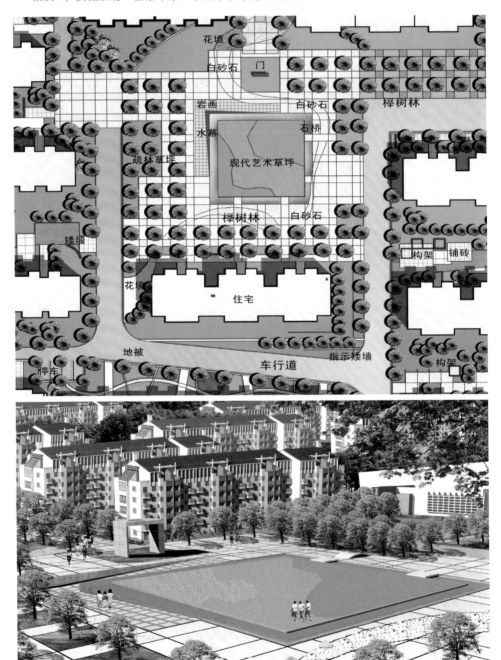

图3-33 中心绿地平面及鸟瞰，以方形为主的规则式平面构图及效果

案例 2：安徽合肥缤纷南国小区景观平面构图（图 3-34）

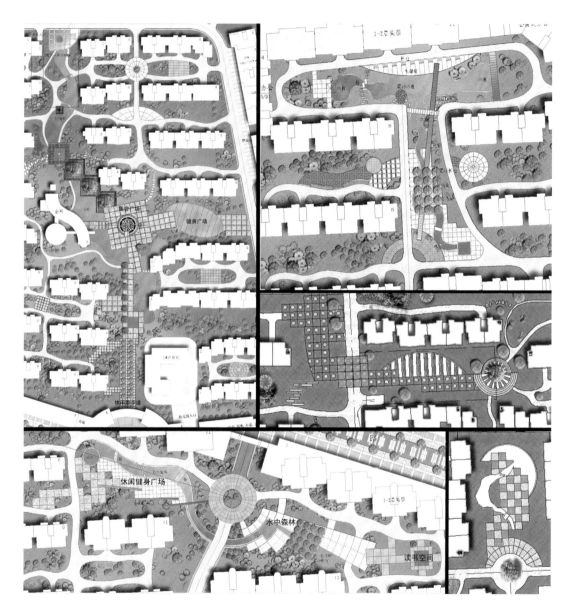

图 3-34　规则的、自然的、不同几何图形图案的混搭

案例 3：江苏南京青田雅居小区组团绿地平面构图（图 3-35、图 3-36 ）

图 3-35　樟荫台：椭圆形构图及效果

图 3-36 中心花园：圆形加螺旋形构图及效果

（3）构图的形式有轴线对称式、不对称式、不完全对称式。

案例：浙江台州仙居晶都诚园小区中心景观区前期方案平面构图（图 3-37~ 图 3-39 ）

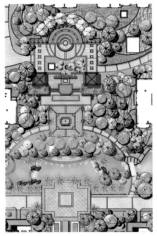 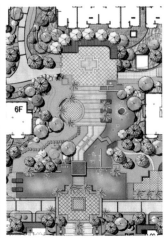 

图 3-37 方案一：完全对称式平面构图，较规整，仪式感较强　　图 3-38 方案二：不对称式平面构图，较自然，轻松活泼　　图 3-39 方案三：不完全对称式平面构图，规整中又有自然的变化

3.4.3　景观空间处理

1）空间的分隔与组合

设计师要善于创造丰富多变的空间形态，并把这不同的空间合理安排，以形成良好的总体空间效果。具体的多空间创造手法有两类，即空间的分隔与组合。①分隔空间。把一个整体的空间通过墙、柱、廊等要素进行空间分隔，从而形成多空间效果。在园林中，可以利用植物、景观、建筑物以及构筑物，根据地形的高低变化、水面与道路的曲直变化、人的知视觉变化等因素对空间进行划分，从而使尺度较大的空间柔性地变化为亲人尺度的空间。利用较高大的树木再配合景观墙或是低矮的灌木对大空间进行柔性划分，而彼此相邻的景观空间不是完全隔绝的，而是有机联系的。②组合空间。把大小不同的空间单元在平面上和竖向上排列与组合，从而形成丰富的空间效果，在园林中，景观的各因素可以营造出不同特色的空间，也应能利用这些因素将景观空间有机地联系起来。当然，在具体的设计中，往往是两类手法结合使用。

2）空间的渗透和层次

园林空间通常不会也没有必要被实体围合得严严实实。当所处空间的围合面中有一定的开口部分，或者说一些虚面参与了对空间的围合时，视线就能透过这些虚面，到达另一个空间，那个空间中的建筑、树、人等犹如一幅动态的画面贴合在虚面上，参与了对空间形态的创造。同样，所处的空间也对那个空间形态的形成发挥作用，两个空间相互因借，彼此渗透，空间的层次变得丰富起来。使空间相互渗透的另一大"好处"是环境的景观得到了极大的丰富。呈现在眼前的不再是单一的空间，而是一组形态、大小、明暗、动静各不相同的空间。如何形成空间的渗透，又如何控制其彼此的相互因借，关键在于围护面的虚实设计。没有面的围护，领域的形成，就无所谓空间的层次，而围护过于"实化"就不能使空间之间产生渗透的感觉。

3）空间序列

空间的序列与空间的层次有很多相似的方面，它们都是指一系列空间相互关联的方法。在一个空间中欣赏几个相互渗透的空间时，获得的是空间的层次感。而当依次由一个空间走向另一个空间，最终得到的是对空间序列的体验。所以空间的序列设计更注重的是考察人的空间行为，并以此为依据设计空间的整体结构及各个空间的具体形态。在一些优秀的园林作品中，空间序列的设计犹如一篇叙事诗，呈现开端—发展—高潮—尾声完整的变化脉络。

4）空间对比

在景观设计中将空间的开合闭转进行对比，能突出开敞空间的宽阔、大气，使景观空间丰富，景观也可产生虚实对比，比如密林与孤植树的对比、草地与乔木的对比。恰到好处地运用对比手法，可丰富景观层次，给景观带来美好意境。

5）焦点与视线控制

（1）空间中的焦点。

空间中的焦点是促成空间形态构成的重要因素。在园林中空间的焦点是那些容易吸引人们视线的环境要素。通过对焦点的注视，人们能够加深对整个空间形态的理解。各类环境要素都能成为空间的焦点，如地面铺设的图案，墙上的装饰构件，环境中的雕塑、小品等。对空间焦点的设计有两点是尤为重要的。其一是焦点形态的设计。作为空间焦点的环境要素，其形态必须是突出的。或体型高耸，或造型独特，或具有高度的艺术性，或经过重要装饰，总之将成为环境中最为引人注目的"角色"。其次就是位置的选择。如将焦点设置在空间的几何中心、人流汇聚处等显赫的位置上能使焦点更多地为人注视，成为环境中的趣味中心，从而对空间形态的构成发挥更大的作用。

（2）视线控制。

视线控制包括遮蔽视线或是引导视线。利用障景可以遮蔽视线，从而将视线引至别的方向，如果用障景将多个方向的视线遮蔽，则人所处空间的围合感增强，私密性也就大大加强了。这一点可以通过围合空间的植物或是景观墙的高度来控制，当其高度为 1.2 米时，身体大部分被遮住，视线没有被遮蔽，人会产生一点安全感。当其高度为 1.5 米时，身体都被遮住，视线受到阻碍，人会有一定的私密感。当其高度为 1.8 米时，身体被完全遮挡，视线也被阻碍，此时人有很强的私密感。因此用景观创造私密感时，应将视线的控制作为重要的参考因素。

案例：浙江台州仙居晶都诚园小区定稿方案中心景观区空间处理

以晶都诚园小区中心景观区（图 3-40~ 图 3-43）的景观空间为例，小区地势较为平坦，由于配电房、采光井以及消防登高面等前期规划的限制，景观空间处理的局限性比较大。局促的建筑空间布局将景观处理的重点集中在主入口处的一组团空间。由于空间的局限，故将中心景观区分为 3 个序列（图 3-44）。

图 3-40 晶都诚园平面

图 3-41 宅间景观鸟瞰

图 3-42 中心景观鸟瞰

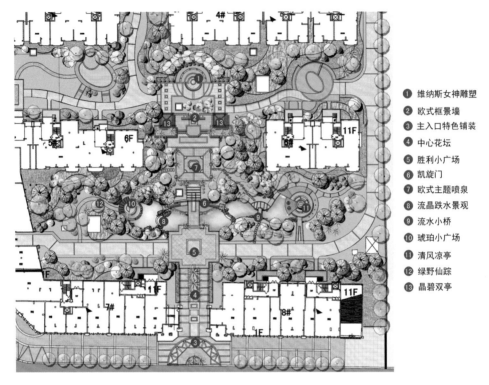

① 维纳斯女神雕塑
② 欧式框景墙
③ 主入口特色铺装
④ 中心花坛
⑤ 胜利小广场
⑥ 凯旋门
⑦ 欧式主题喷泉
⑧ 流晶跌水景观
⑨ 流水小桥
⑩ 琥珀小广场
⑪ 清风凉亭
⑫ 绿野仙踪
⑬ 晶碧双亭

图3-43 中心景观平面

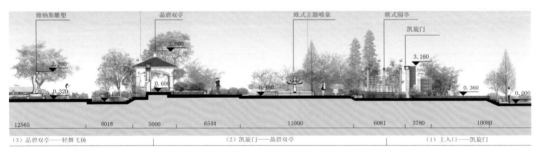

图3-44 景观剖面

（1）主入口——凯旋门景墙图。

①作为入口景观序列的开端，以特色铺装和树阵绿篱引导视线，将焦点凝聚在凯旋门景墙处。凯旋门景墙和跌水的设计一方面强化入口的庄重感和气势，遮挡其后采光顶对景观的干扰（图3-45）；另一方面，造型别致的欧式景墙收束了入口的景观，引导居民进入下一个空间序列。水晶居围合的空间是小区的景观中心，以水贯穿东西两侧，通过岸线和地形的变化营造丰富的空间感受（图3-46）。

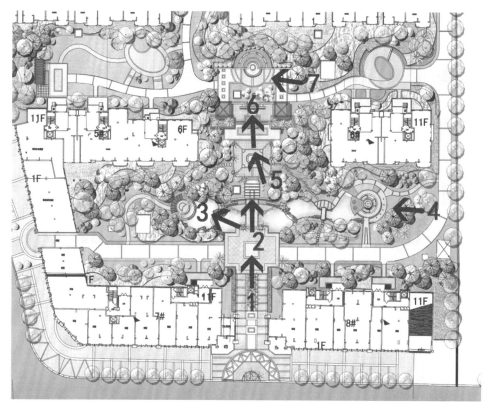

图 3-45 视点平面

图 3-46 视线 I 入口景观

②圆形琥珀小广场。圆形琥珀小广场结合休憩廊架的设计，木质平台和花岗岩特色铺装组合，形成尺度宜人的亲水休闲空间。水上汀步的设计满足居民戏水的娱乐需求，透过中心栈桥可见东侧丰富的水体景观图（3-47）。廊架一侧微地形结合植物的设计，不仅形成了优美的绿色背景，也遮挡了采光井等不利于观景的构筑物。

图 3-47　视线 2 主入口看琥珀广场

③清风凉亭。此处中心节点通过圆形的不规律变化，形成丰富的空间效果。中心欧式凉亭作为视觉焦点（图 3-48），结合环绕的花坛，通过台阶抬高，强化了主体地位。左侧亲水木平台向水面延伸，上面设置休闲茶座，水体环绕中心小广场，右侧设计趣味小喷泉，整个空间尺度较小，但景观层次非常丰富。北侧大面积的绿化结合微地形的设计形成浓郁的花园景观，西侧透过小桥可见凯旋门和琥珀小广场景致，通过木平台的引导可达右侧小区主要道路。

图 3-48　视线 3 欧式凉亭

（2）凯旋门——晶碧双亭。

作为中心景观的第二序列，此段通过高差的处理再次强调其主体地位。空间经过木构架和植物的收束后至此打开（图3-49），空间较为明朗，中心主题喷泉作为视觉焦点（图3-50），两侧对称摆放欧式的柱式花坛。晶碧双亭结合花坛对称设计，采用典雅的欧式建筑风格，与小区建筑相呼应，是景观设计的一大亮点。中心景墙与亭子整体设计，汲取中国古典园林空间营造的借景手法，中心开设漏窗（图3-51），可见后方的轻舞雕塑。后方两侧密植竹子，遮挡采光顶对景观的干扰。

图3-49 视线4市栅格

图3-50 视线5欧式主题喷泉

图 3-51 视线 6 中心景墙双亭

（3）晶碧双亭——轻舞飞扬。

轻舞飞扬小广场做下沉处理，根据现场情况，取消原方案的维纳斯女神雕塑，形成易于居民休闲活动的场地，是中心景观的高潮，也是前方景墙的对景。雕塑结合圆形构图，设计不同高度的景墙，融合花坛和欧式景观小品。广场通过背景植物的围合和微地形的处理，带来雅致舒适的空间感受。两侧道路联系水碧居宅间景观节点。

第4章 场地景观规划设计

居住区内的绿地不仅包括组团绿地、宅旁绿地、配套公建所属绿地和道路绿地，还包括了地下或半地下建筑屋顶的屋顶绿地。

4.1 组团绿地景观

4.1.1 组团绿地的概念与内容

组团绿地为一个居住小区的配套内容，是具有一定的活动内容和设施的集中绿地，主要供本组团居民集体使用，为其户外活动、邻里交往、儿童游戏、老人聚集提供良好的条件。组团绿地集中反映了小区绿地的质量水平，一般要求有较高的规划设计水平和一定的艺术效果。随着组团的布置方式和布局手法的变化，其大小、位置和形状也相应变化。

组团绿地一般为小区用地相对集中的块状或带状用地，面积较大，服务半径为整个小区组团，居民步行 3 ～ 4 分钟即可到达。其规划形式多样，内容丰富多彩，一般为绿化、铺装、水景相结合的小游园形式，也有的是以铺装为主的活动广场形式（图 4–1、图 4–2）。在布局上，绿地宜做一定的功能划分，根据游人不同的年龄特征，划分活动场地、确定活动内容，场地之间要有分隔，布局既要紧凑，又要避免相互干扰。

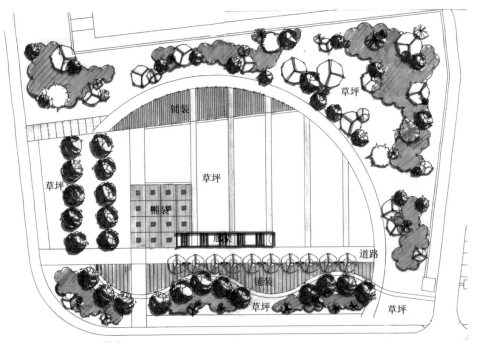

图 4-1　广场型

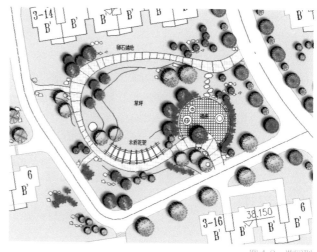

图 4-2 游园型

4.1.2 组团绿地的位置选择

组团绿地的规划设计，应与小区总体规划密切配合，综合考虑，全面安排。应注意将原有的绿化基础与小区公共活动中心充分结合起来布置，形成一个完整的居民生活中心。在位置选择上，组团绿地由于其公共服务性较强，一般布置于小区中心、副中心或重要节点区域，使其成为"内向"绿化空间，其优点在服务功能上，能缩短小游园至小区各个方向的服务距离，便于居民使用。在景观形态上，绿地处于建筑群环抱之中，形成的空间环境比较安静，较少受到外界人流、交通的影响，能增强居民的领域感和安全感。另外，有的组团绿地与小区主要入口结合，并与入口连成一体。其在景观上，形成小区入口景观视线的对景；在服务功能上，由于靠近小区入口，亦能较好地满足小区居民集体使用的要求。

4.1.3 组团绿地的布置类型

组团绿地通常是结合居住建筑组合布置，应满足"有不少于1/3的绿地面积在标准的建筑日照阴影线范围之外"的要求，以保证良好的日照环境，其布置类型可以分为以下几种（图4-3）：

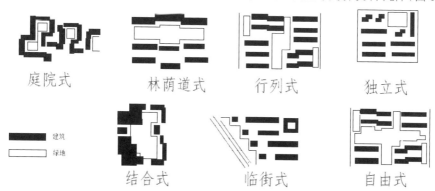

图 4-3 组团绿地布置方式
注：资料来源于《城市园林绿地规划与设计》。

（1）庭院式：利用建筑形成的院子布置，不受道路行人、车辆的影响，环境安静，比较封闭，有较强的庭院感。

（2）林荫道式：扩大住宅的间距布置，一般将住宅间距扩大到原间距的2倍左右，这样的布置方式可以改变行列式住宅的单调狭长的空间感。

（3）行列式：扩大住宅建筑的山墙间距为组团绿地，打破了行列式山墙间形成的狭长胡同的感觉，组团绿地又与庭院绿地互相渗透，扩大绿化空间感。

（4）独立式：布置于住宅组团的转角，利用不便于布置住宅建筑的角隅空地，能充分利用土地，由于布置在转角，加长了服务半径。

（5）结合式：绿地结合公共建筑布置，使组团绿地同专用绿地连成一片，相互渗透，扩大绿化空间感。

（6）临街式：在居住建筑临街一面布置，使绿化和建筑互相衬映，丰富了街道景观，也成为行人休息之地。

（7）自由式：组团绿地穿插其间，组团绿地与庭院绿地结合，扩大绿色空间，构图亦显得自由活泼。

案例1：安徽合肥文景雅居园小区景观

小区位于合肥九华山路与马鞍山路交叉口东南角，整个地块长约500米，宽120余米，组团绿地位于南北两排住宅楼间，为狭长的带状用地。景观设计师在小区建筑总体规划初稿阶段介入，在完成景观方案初稿时建议甲方对规划进行调整，去掉带状组团绿地最东位置的建筑，把去掉的建筑北侧住宅改为高层，以弥补所损失的建筑面积。通过规划调整，带状组团最东位置的绿地面积增大了，不但提升了小区局部的景观效果，而且使所增绿地周边建筑户型的房价也提高了。整个小区的景观风格根据楼盘策划，采用简洁、明快、高雅的现代风格，例如，红盒子的建筑小品体现了小区的艺术韵味，白色的跨水廊桥使得小区的景观变得纯粹而宁静（图4-4~图4-7）。

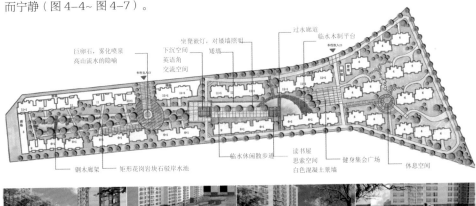

图4-4　合肥文景雅居园小区景观初稿方案

图 4-5 合肥文景雅居园小区景观定稿方案

图 4-6 建成效果

图 4-7 建成效果

案例 2：江苏宿迁沭阳"江南枫景"小区中心景观

"江南枫景"住宅小区位于江苏省宿迁市沭阳县中部，东邻天津北路，西邻重庆北路，南邻人民西路，总用地面积为 58 800 平方米。小区中心景观区主要由"枫桥月夜""跌水小隅"、"影荫广场"三个功能空间组成，通过三处不同的空间形态，形成各具文化特色的连续而丰富的序列空间，给整个小区的景观文化营造赋予了深刻的内涵（图 4-8~图 4-12）。

图 4-8　沭阳"江南枫景"小区景观总平面

图 4-9　"江南枫景"小区中心景观区鸟瞰

图 4-10 "江南枫景" 小区中心景观区入口效果

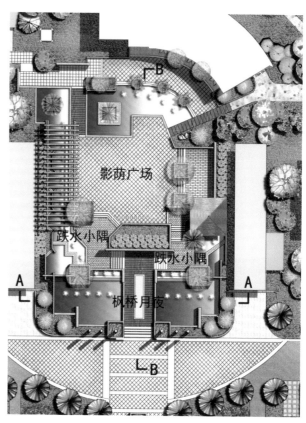

图 4-11 "江南枫景" 小区中心景观区平面

A-A剖面

B-B剖面

图 4-12　"江南枫景"小区中心景观区剖面

　　"枫桥月夜"：该处正对着小区入口道路，进入小区首先映入眼帘的便是此处景观，因此在立面上要多加考虑。为了形成丰富的立面效果，设计了高低错落的花池，以及具有文化特色的灯柱，石桥穿越水面之上，与岸边的红枫相映成趣，无论在白天还是夜晚都能创造出如画般的效果。

　　"跌水小隅"：衔接于"枫桥月夜"，这里有两处下沉空间，与抬高的花池、跌水形成了温馨有趣的小空间，加上富有文化内涵的小品，配上潺潺环绕的流水，更能烘托出小区深邃清新的独特风格。一侧含蓄的小亭静静地蹲坐在水景旁，好似默默欣赏着这灵动的韵律之美。

　　"影荫广场"：走出下沉空间，便来到一处开敞的休闲广场，一侧的跌水景墙延伸过来，同时水面上也设计了一座木质花架，花架缝隙中透射出来的阳光与花架上靓丽的藤蔓植物一起，映射在波光粼粼的池水之上，创造出迷人的幻境，这里便是小区居民驻足欣赏、休闲娱乐的宜人空间。

　　案例 3：江苏南京樱驼村住宅小区中心绿地景观

　　小区位于风景优美的南京紫金山脚下，整个用地略呈不规则的方形，占地面积 22 391.32 平方米。中心绿地是整个小区景观的精华部分，由于小区宅间绿地面积有限，因此，中心绿地是小区居民的主要室外游憩活动场所。中心绿地景观布局是以水面为中心展开的。它主要由树阵空间区、浅水池、水榭及景墙、临水步道、休闲健身区、集会空间区等几个部分组成（图 4-13~ 图 4-16）。

图 4-13 南京樱驼村住宅小区景观总平面

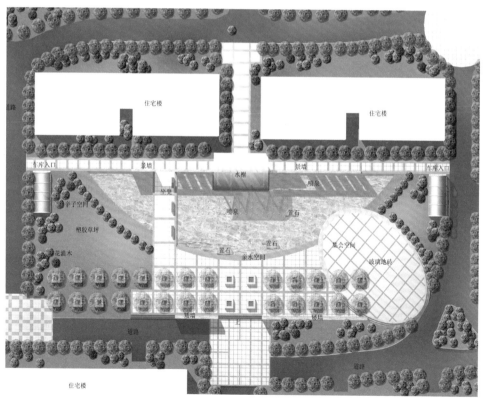

图 4-14 南京樱驼村住宅小区中心绿地景观平面

图 4-15　南京樱驼村住宅小区中心绿地景观效果

图 4-16　南京樱驼村住宅小区中心绿地景观鸟瞰

　　从小区主入口进入小区，通过方形的入口铺装，首先映入眼帘的是疏朗的树阵空间区，即4米×4米的网格状花岗岩铺装结合木质坐凳而设置的方形树池，树池中种植香花槐，人在树下可休息、晨练、促膝闲谈，老人可在此遛鸟，学生可在此晨读，阳光透过叶丛撒在地上，形成斑斑驳驳的光影，整个场景如诗如画。透过疏林般的树阵空间区，游人可以隐约看到其后面的浅水池，水池呈月牙形，造型活泼，人们可以通过踏步踏入水池，在水池中嬉水。

　　水池北畔为水榭及临水景墙，水榭设计在主入口轴线上，与主入口及树阵空间形成对景。水榭拟采用钢结构，玻璃顶或不锈钢多孔板顶，内装日光灯。景墙高约2.5米，铁锈红色，墙内开设大面积的门窗洞口，与水榭相互咬合，形成整体，两者造型现代、时尚、简洁。水池西部有一临水步道穿过水池，既满足了交通又分隔了池面，使水池空间层次更为丰富。

　　水池以西为休闲健身区，此部分以铺设塑胶草坪为主，其上随意散置各种健身、儿童活动器械，以满足大人与小孩的健身、游戏需求。大人们可以坐在香花槐树下休憩、看报纸、谈心，而孩子们可以在一侧嬉戏，从而形成一幅优美的天伦之乐图。

　　水池以东是集会空间区，这是一个椭圆形的小广场，为面积较大的集中用地，适合小区住户进行小型集会、跳舞、打羽毛球等活动。椭圆形的集会广场形式较为活泼，丰富了整个中心绿地的构图。

案例 4：江苏南京某住宅小区组团景观

　　该小区内规划建设六幢高层住宅建筑。小区东南片区约5 000平方米的绿地规划既作为小区组团绿地景观，又作为向公共开放的城市园林广场。因此，甲方要求该组团景观在视线上要能与小区内部景观连为一体，但是在交通上又不能与小区内部互通。根据这样的特殊背景，三个方案的最大特色是受英国风景式园林"隐垣"手法的启发，通过挖低堆高（土方大致平衡，节约造价），营造浅水池及池壁城墙式景墙，以巧妙地解决该组团绿地与小区内部在景观视线上自然过渡，但又使其内外两区相对分隔，外部人员不能进入，以便于小区管理。方案一设计了一个纯园林景观方案，方案二与方案三根据甲方的要求又设计了一幢售楼处建筑，等售楼结束后转为咖啡屋使用，通过咖啡屋的经营收入来维护该组团绿地景观（图4-17~ 图4-20）。

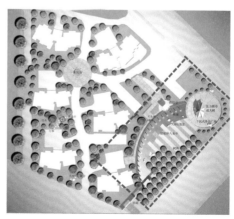

图 4-17　南京某住宅小区景观总平面

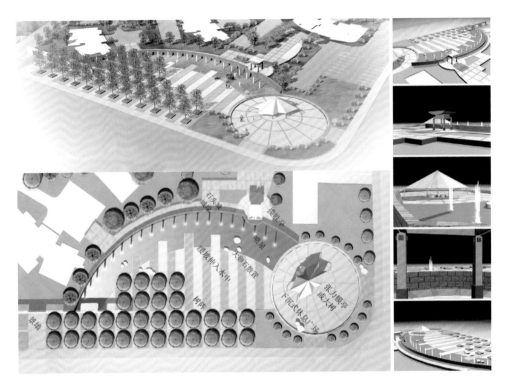

图 4-18　南京某住宅小区组团景观方案一

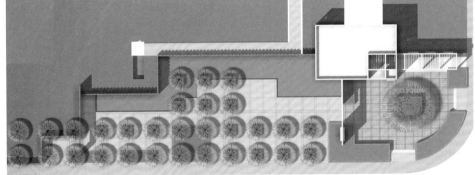

图 4-19　南京某小区组团景观方案二平面图与鸟瞰

图4-20 南京某小区组团景观方案三效果

案例5：江苏扬州宝应鸿盛新城小区中心花园

小区位于江苏省扬州市宝应县白田中路西侧交泰山东路北侧，总占地面积约30 900平方米，形状为较规整的矩形，小区中心花园位于楼盘第二栋和第三栋之间。小区景观根据楼盘策划，打造成东南亚园林风格。中心花园平面构图通过圆形及方形组合，自然而活泼。在材料使用上，通过广泛地运用木材和其他的天然原材料，如黄木、青石板、鹅卵石、麻石等，旨在接近真正的大自然。鸿盛新城小区景观的色彩设计深色系为主，如深棕色、黑色、褐色、金色等，令人感觉沉稳大气，同时还有鲜艳的陶红和庙黄色等。另外也添加西式设计风格中常见的浅色系，如珍珠色、奶白色等（图4-21~图4-24）。

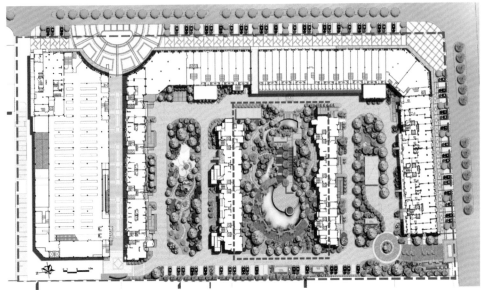

图 4-21　江苏宝应鸿盛新城小区景观总平面

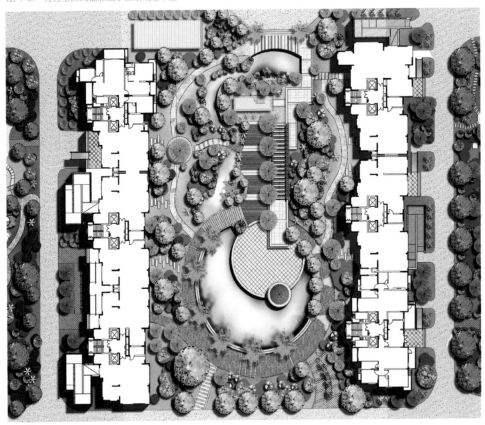

图 4-22　鸿盛新城中心花园平面

图 4-23 鸿盛新城中心花园鸟瞰

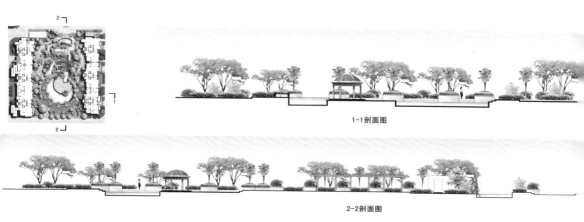

1-1剖面图

2-2剖面图

图 4-24 鸿盛新城中心花园剖面

127

案例6：江苏南京摄山星城小区二期二区组团绿地

小区地处南京仙林摄山地区，为政府建设的保障性住房。在组团绿地方案中，设置了较多的铺装空间，为小区居民提供了充分的活动空间。整个小区景观风格简洁明快，摒弃过多装饰，通过构图及空间变化丰富园林效果，体现了保障性住房的经济适用原则（图4-25~图4-30）。

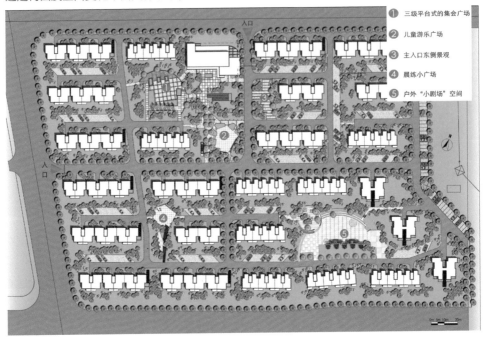

❶ 三级平台式的集会广场
❷ 儿童游乐广场
❸ 主入口东侧景观
❹ 晨练小广场
❺ 户外"小剧场"空间

图4-25 南京摄山星城小区二期二区景观总平面

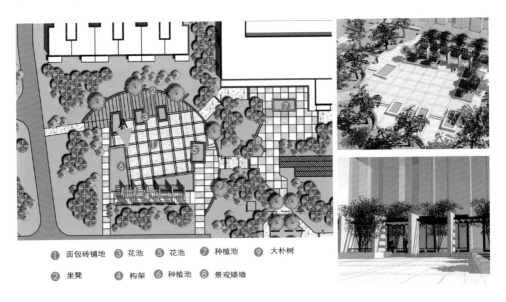

❶ 面包砖铺地　❸ 花池　❺ 花池　❼ 种植池　❾ 大朴树
❷ 坐凳　❹ 构架　❻ 种植池　❽ 景观矮墙

图4-26 局部设计1

❶ 塑胶铺地　　❹ 景墙坐凳　　❼ 景观灯柱

❷ 种植池　　　❺ 景墙坐凳　　❽ 儿童游戏器械

❸ 儿童游戏沙坑　❻ 造型景墙

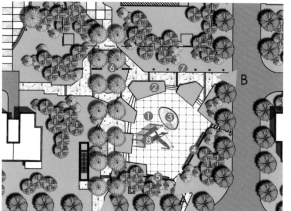

图 4-27　局部设计 2

❶ 冰裂纹铺装　❸ 坐凳　　❺ 置石景观

❷ 景墙　　　　❹ 大朴树

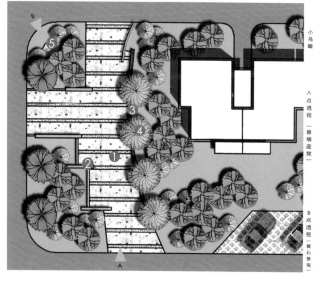

图 4-28　局部设计 3

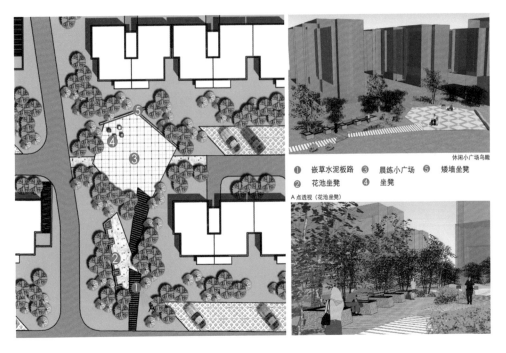

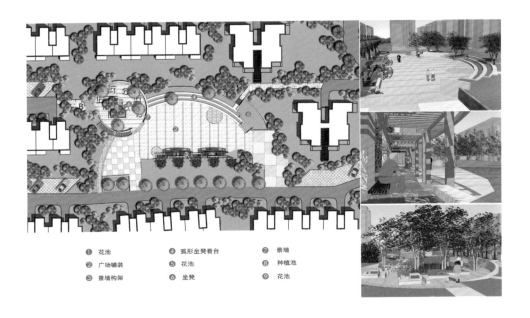

图 4-29　局部设计 4

① 嵌草水泥板路　③ 晨练小广场　⑤ 矮墙坐凳
② 花池坐凳　　　④ 坐凳

A 点透视（花池坐凳）

休闲小广场鸟瞰

① 花池　　　④ 弧形坐凳看台　⑦ 景墙
② 广场铺装　⑤ 花池　　　　　⑧ 种植池
③ 景墙构架　⑥ 坐凳　　　　　⑨ 花池

图 4-30　局部设计 5

4.2 宅旁绿地景观

4.2.1 宅旁绿地概念与内容

宅旁绿地，也称宅间绿地，是居住区最基本的绿地类型，多指在行列式建筑前后两排住宅之间的绿地，其大小和宽度取决于楼间距，一般包括宅前、宅后以及建筑物本身的绿化，它只供本幢楼的居民使用，是居住区绿地内总面积最大、居民最常使用的一种绿地形式，尤其适于学龄前儿童和老人。

宅旁绿地是住宅内部空间的延续和补充，它虽不像组团绿地那样具有较强的娱乐、游赏功能，但却与居民的日常生活起居息息相关。结合宅旁绿地可开展各种活动，儿童林间嬉戏、绿荫品茗弈棋、邻里联谊交往，以及衣物晾晒等场面无不是从室内向户外铺展，具有浓厚的生活气息，使现代住宅单元楼的封闭隔离感得到较大程度的缓解，以家庭为单位的私密性和以宅间绿地为纽带的社会交往活动都得到满足和统一协调。

根据不同领域属性及其使用情况，宅旁绿地可分为三部分，包括：

（1）近宅空间。分为两部分：①底层住宅小院和楼层住户阳台、屋顶花园等；②单元门前用地，包括单元入口、入户小路、散水等。前者为用户领域，后者属单元领域。

（2）庭院空间。包括庭院绿化、各活动场地及宅旁小路等，属宅群或楼栋领域。

（3）余留空间。上述两项用地领域外的边角余地，大多是住宅群体组合中领域模糊的消极空间。

4.2.2 宅旁绿地的特点

1）与居民的日常生活联系密切

宅旁绿地面积最大、分布最广、使用率最高，对居住环境质量和城市景观的影响也最明显，在规划设计中需要考虑的因素要周到齐全。

2）不同的领有

领有是宅旁绿地的占有与被使用的特性。领有性的强弱取决于使用者的占有程度和使用时间的长短。宅旁绿地大体可分为以下三种形态：

（1）私人领有：一般在底层，将宅前宅后用绿篱、花墙、栏杆等围隔成私有绿地，领域界限清楚，使用时间较长，可改善底层居民的生活条件。由一户专用，防卫功能较强。

（2）集体领有：宅旁小路外侧的绿地，多为住宅楼各住户集体所有，无专用性，使用时间不连续，也允许其他住宅楼的居民使用，但不允许私人长期占用或设置固定物。一般多层单元式住宅将建筑前后的绿地完整地布置，组成公共活动的绿化空间。

（3）公共领有：指各级居住活动的中心地带，居民可自由进出，都有使用权，但是使用者经常变更，具有短暂性。

不同的领有形态，使居民的领有意识不同，离家门愈近的绿地，其领有意识愈强，反之，其领有意识愈弱，公共领有性则增强。要使绿地管理得好，在设计上则要加强领有意识，使居民明确行为规范，建立居住的正常生活秩序。

3）宅旁绿地的制约性

住宅庭院的绿地面积、形体、空间性质受地形、住宅间距、住宅组群形式等因素的制约。当住宅以行列式布局时，绿地为线形空间；当住宅为周边式布置时，绿地为围合空间；当住宅为散点式布置时，绿地为松散空间；当住宅为自由式布置时，庭院绿地为舒展空间；当住宅为混合式布置时，绿地为多样化空间。

4.2.3 不同类型宅旁绿地的营建

1）低层行列式

低层行列式的住宅形式在中等城市较为普遍，采用一种简单、粗放的形式，以有利于夏季和冬季采光，而且居民在树下活动的面积大，容易向花园型、庭园型绿化过渡；在住宅北侧，由于地下管道较多，又背阴，只能选耐阴的花灌木及草坪，以绿篱围出空间范围，这样层次、色彩就会比较丰富。在相邻两幢楼之间，绿地不仅可以起到隔声、遮挡和美化的作用，还能为居民提供就近游憩的场地。在住宅的东西两侧，种植一些落叶大乔木，或者设置绿色荫棚，种植紫藤等攀缘植物，把朝东（西）的窗户全部遮挡，可以有效地减少夏季东西日晒。在靠近房基处应种植一些低矮的花灌木，以免遮挡窗户，影响室内采光。高大的乔木要离建筑 5 米以外种植，以免影响室内通风。如果宅间距大于 30 米宽，可在其中设置小型游园。在落叶大树下可设置秋千架、沙坑、爬梯、坐凳等，以便老人和儿童就近休息。另外要扩大绿化面积，向空间绿化发展。在城市用地十分紧张的今天，争取在墙面和屋顶进行绿化，这是扩大城市绿化面积的有效途径之一，尤其是墙面绿化具有潜力大、见效快的优点，它不但对建筑物有装饰美化的作用，对调节气温也有明显的效果。比如在庭院入口处与围墙结合，利用常绿和开花的爬蔓植物形成绿门、绿墙等，或与台阶、花台、花架结合，作为室外进入室内的过渡，有利于消除眼睛疲劳（光差感），或兼作"门厅"之用。又如屋角绿化，打破建筑线条的生硬感，形成墙角的绿柱。

2）高层塔楼单元式

高层单元式住宅由于建筑层数高、住户密度大、宅间距离小，其四周的绿化以草坪绿化为主，在草坪的边缘等处，种植一些乔木或灌木、草花之类，或以常绿或开花的植物组成绿篱，围成院落或构成各种图案，有利于打造楼层的俯视艺术效果。在树种的选择上，除注意耐阴和喜光树种之外，在挡风面及风口必须选择深根性的树种，合理布置，借以改善宅间气流力度及方向。绿化布置还要注意相邻建筑之间的空间尺度，树种的大小、高矮要以建筑层次及绿化设计的"立意"为前提。

3）周边式住宅群

周边式住宅群中部形成一个围合空间，其中布置充足的绿地和必要的休息设施，自然式或规则式，开放型或封闭型，都能起到隔声、防尘、美化的作用。其形式多样、层次丰富，让人们置身其中既有围合感，又能看到一部分天空，没有闭塞压抑的感觉。

4）底层住宅前庭院绿地营建

居住在楼房底层的居民通常有一个专用的花墙或其他界定设施分隔形成的独立庭院，由于建筑排列组合具有完整的艺术性，所以庭院内外的绿化应有一个统一的规划布局。院内根据住户的喜好进行美化绿化，但由于空间较小，可搭设花架攀绕藤萝，进行空间绿化。一般来说，住宅前庭院有以下几种处理形式：

（1）最小的过渡空间，无私人庭院，用于临时停放居民自行车等杂物，或为楼梯出口。

（2）由隔墙围成私人小院，具有很强的私密性。

（3）用高出平台的小矮墙或栅栏分隔成独立小院。

（4）用绿篱围合的绿化空间提供共享的观赏性绿化环境。

案例 1：安徽淮北"巴黎印象"小区宅旁绿地

该小区宅间绿地以植物造景为主，通过植物的精心搭配形成优美的景观。另外，宅间及其他开放空间还考虑了停车的方便。停车场铺装采用嵌草铺装，既经济又生态。嵌草铺装上尽量植以大树，以形成遮阴效果并加大小区的绿量（图 4-31~ 图 4-33）。

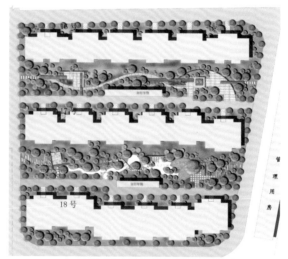

图 4-31　淮北"巴黎印象"小区宅旁绿地总平面

图 4-32　淮北"巴黎印象"小区南部宅间绿地鸟瞰

图 4-33　淮北"巴黎印象"小区宅旁绿地建成景观

案例 2：江苏南京尧顺佳园小区宅旁绿地

尧顺佳园是经济适用房居民小区，在造价上力求节约，在设计时考虑在有限资源的情况下，为居民创造一个舒适、方便、安静的居住环境。小区共有两个主要出入口，一个在小区的北面，另一个在小区的西面。此外小区内部有三栋楼房，一层为商业用房，在设计时安排了大面积的铺装，以面包砖铺地为主。根据植物搭配等特色将小区景观分为春花园、夏树园、秋月园、冬香园四个集中绿地（图 4-34~ 图 4-40）。图 4-35 为春花园，其以春季开花的植物为主，在春天时形成一处"春花浪漫"的景观效果。设计时结合现场地形变化，安排了很多高差不一的活动空间。有安置健身器材的健身广场，有石桌、石凳的棋牌乐空间，还有较大的太极健身广场。

① 商铺前铺装
② 春花园
③ 商铺前铺装
④ 商铺前铺装
⑤ 三角绿化
⑥ 夏树园
⑦ 三角绿化
⑧ 秋月园
⑨ 冬香园

图 4-34　南京尧顺佳园小区总平面

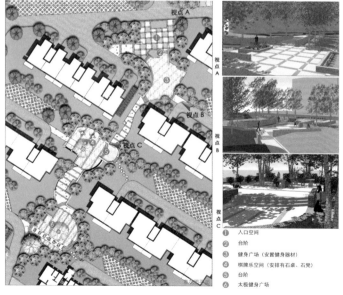

① 入口空间
② 台阶
③ 健身广场（安置健身器材）
④ 棋牌乐空间（安排有石桌、石凳）
⑤ 台阶
⑥ 太极健身广场

图 4-35　春花园

135

图 4-36　夏树园

注：夏树园主要以种植冠幅较大的落叶乔木为主，在夏天，为人们遮阴避暑；冬天时，可以把阳光还给居民。园内以儿童活动健身为主，设置了一些儿童游乐设施，供儿童游乐、休闲。

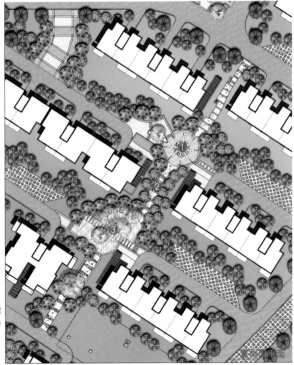

❶ 塑胶铺地
　（配有儿童
　游乐器材）
❷ 林荫小道
❸ 亲子广场

❶　三角绿化
❷　望月亭
❸　清风明月

图 4-37　秋月园

注：秋月园是以桂花为特色的小花园，其中的望月亭为附近的居民提供了绝佳的品桂赏月的去处。

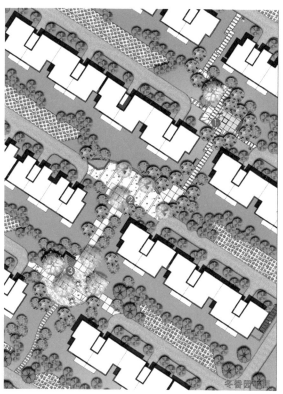

图 4-38 冬香园

注：冬香园主要以种植冬季开花的蜡梅、茶梅为主，在万物凋零的冬天，冬香园里却是幽香扑鼻，其中的晚香亭是人们赏梅的佳处。

1 棋牌乐空间

2 健身广场

3 晚香亭

图 4-39 小区绿地建成景观

137

图 4-40 小区绿地建成景观

案例 3：江苏南京云锦美地小区三期宅旁绿地

该小区的宅旁景观以水景为主，宅间绿地由水景、临水步道、植物景观等组成，通过水的形式将小区置于一个生机盎然、充满自然气息的环境中，为小区居民打造一个生态和谐、自然高雅的居住环境（图 4-41、图 4-42）。

图 4-41 南京云锦美地小区三期总平面

图 4-42 小区宅间绿地水景手绘草图

4.3 配套公建绿地景观

配套公建绿地，也称为专用绿地，是居住区各类公共建筑和公共设施四周的绿地。其绿化布置要满足公共建筑和公共设施的功能要求，并考虑与周围环境的关系。

4.3.1 小学及幼儿园绿地景观

小学及幼儿园是培养教育儿童，使他们在德、智、体、美各方面全面发展、健康成长的场所。绿化设计应考虑创造一个清新优美的室外环境。室内应保证为学习提供一个明亮的学习环境，同时避免阳光暴晒。

庭院之中应以大乔木为骨干，形成比较开阔的空间。在房前屋后、边角地带点缀开花灌木。这样既可保证儿童有充足的室外活动空间，做到冬天可晒太阳，夏季可遮阴玩耍，又伴随着丰富多彩的四季景色。幼儿园可以考虑设计较集中的大草坪供幼儿嬉戏玩耍。

教室前应以低矮的花灌木为主，以不影响室内通风采光。小学操场周围应以高大乔木为主，树下可设置进行体育锻炼用的各种器械。幼儿园的开阔草坪中可开辟一块 100 平方米左右的场地，设置幼儿游戏器械，地面用塑胶材料铺面，以保护幼儿免于跌伤。

小学和幼儿园都可以开辟一处动物角或植物角，面积可根据校园大小，以 100 ~ 500 平方米大小为宜，以培养儿童认识自然、热爱自然的意识。

在植物的选择上，校园内应选用生长健壮、不易发生病虫害、不飞絮、无毒、不影响儿童生理健康的树种。在儿童可以到达、容易触摸到的地方，严禁种植有刺、有毒的植物。

4.3.2 商业、服务中心环境绿地景观

居住小区的商业、服务中心是与居民生活息息相关的场所，如日用小商店、超市等、理发、洗衣、储蓄等。这里是居民日常进出的地方。因此，绿化设计可考虑以规则式为主。留出足够的活动场地，便于居民来往、停留、等候等。场地上可以摆放一些简洁耐用的坐凳、果皮箱等设施。节日期间可摆放盆花，以增加节日气氛。

4.3.3 售楼处景观

售楼处景观的主要功能是配合楼盘销售，其设计与营建的时间先于楼盘销售，归纳起来其景观大致有如下特点与设计要点。

（1）展示性：售楼处景观是未来整个小区景观的形象代言，人们在看到未来小区景观实景之前，只有通过售楼处景观来体验与感受小区楼盘景观的品质；售楼处花园的展示性决定了其景观设计必须精细并具有高品质，特色性要强。

（2）尺度及规模较小：售楼处景观往往空间有限、面积较小，场地空间受制约的因素较多，因此，要重视细节设计，在空间处理上，可以借鉴"小中见大"的空间处理手法。

（3）提供室外洽谈的场所：有些售楼处作为一个公共展示空间，承担了接待与楼盘销售洽谈的功能，因此，出于使用功能的考虑，需要在售楼处花园中创造休憩、停留空间，为客户与销售人员营造一个安逸、宁静、舒适、优美的户外洽谈环境。

（4）协调性：售楼处景观作为未来整个小区景观的展示窗口，其风格应与未来整个小区

景观风格相统一、相协调、相呼应。

（5）时效性：有些售楼处景观是临时的，在配合完成售楼任务后需要加以拆除；有些售楼处景观在完成售楼任务后需长久保留，或者转换功能使用，或者成为未来整个小区景观中的一部分。因此，在景观设计中需要根据实际情况做出相应处理。

案例1：江苏南京摄山星城小学、幼儿园环境景观

校园环境是一个有着教育精神内涵的景观环境，隐喻是本项目景观设计的主要手法。以校园景观的主体空间——大操场空间为例，操场中间的铺装以红、橙、黄、绿、青、蓝、紫为色调，取名为"人生起跑线，人生赛道，人生竞技场"，寓意学生们处于人生的同一起跑线以及多彩的人生。跑道东端为升旗台，同时它与学校出入口形成对景，以便一踏入校园就能见到国旗。升旗台两侧为花坛，中间是一景墙，上刻有国歌词曲，有利于学生学习国歌和接受爱国主义教育。跑道两侧是花坛，花坛上设置景墙，面向跑道的景墙面，书写着美国宾夕法尼亚大学建筑系主任、著名建筑大师路易斯·康的格言："……因为一切的一切，室外的飞鸟，急跑躲雨的人，从树上飞下的落叶，悠然飘过的云彩，太阳的光斑，所有这些都是了不起的事物，它们自身就是课程。"希望同学们可以借此体会到，课程不单是发生在教室里，生活中的每一个部分、每一个细节都有可能成为课程，需要从更广泛的社会生活中充分学习、体悟（图4-43、图4-44）。

图4-43 南京摄山星城小学、幼儿园景观总平面

图 4-44 南京摄山星城小学建成景观

案例2：江苏南京靖安佳园幼儿园环境景观

南京靖安佳园幼儿园的服务主体是幼儿，儿童天真、活泼、好动，对未知世界感觉新奇，求知欲强，对社会与自然的情况了解很少，尚未形成成熟的性格与品性，可塑性大。因此，对这个阶段的孩子的教育更多是以教导为主，引导为辅，从而逐渐使他们在德、智、体等各方面的能力得到全面的锻炼与发展。通过对该阶段儿童的分析，确定幼儿园环境色彩应是明快的、丰富的，环境小品的造型力求醒目、卡通化、大胆而富有童话般的气息。所有的视觉表现物应尽量直观，避免含蓄抽象，这比较符合幼年儿童的性格心理（图4-45）。

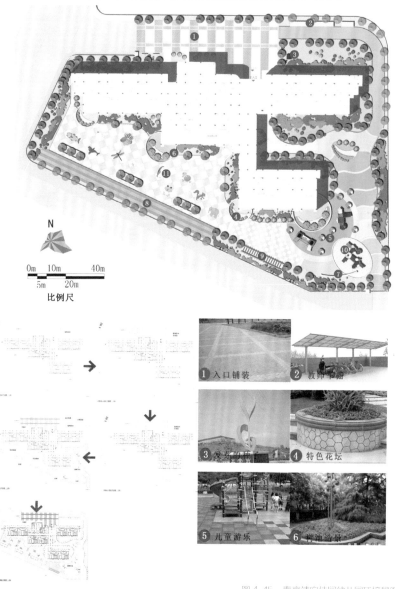

图4-45 南京靖安佳园幼儿园环境景观

案例4：江苏南京仙踪林苑商业广场环境景观

项目位于人流密集、交通发达的南京迈皋桥城区，整个用地呈略不规则的方形，用地内的建筑底层为商铺，2~7层为商务办公楼，属商业用地范围。根据建筑设计的表现形式和建筑在用地内的位置关系，结合商业用地的需求，景观设计以铺装为主体，力求营造出商业广场时尚、现代、简约的布局风格。主入口设计方形的铺装，形成类似建筑中厅的空间，既满足了入口处的人流集散，又很好地组织了交通。主入口干道利用铺装的变化将广场分区，既满足了人流分散的需求，又形成贯穿南部居住小区与北部沿街道路的步行主入口通道，设计巧妙，构思独特。中心广场椭圆形构图形式较为活泼，为面积较大的集会广场，适合举办小型的商业活动，如促销、展会等。椭圆形广场的东边有一块高出广场三个台阶的铺装地，周边的花池将其围合成一个相对幽闭的空间，可作为集会广场的小舞台，不做舞台用时，可往东下台阶至主入口步行通道，形成一个畅通的空间，使整个广场环境浑然一体（图4-46~图4-49）。

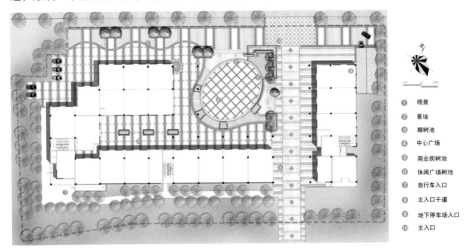

① 喷泉
② 景墙
③ 椰树池
④ 中心广场
⑤ 商业街树池
⑥ 休闲广场树池
⑦ 自行车入口
⑧ 主入口干道
⑨ 地下停车场入口
⑩ 主入口

图4-46 南京仙踪林苑商业广场平面

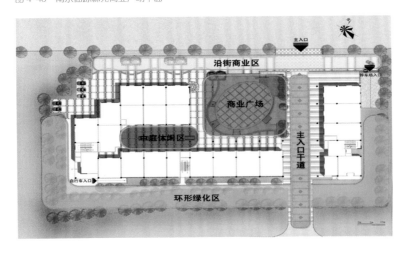

图4-47 南京仙踪林苑商业广场功能分区

图 4-48 中心商业广场鸟瞰

图 4-49 中心商业广场夜景鸟瞰

案例5：江苏南京名城世家小区售楼处景观

售楼处花园空间有限，占地面积还不到300平方米。根据楼盘景观策划与整个小区景观展示性的需要，该售楼处花园景观风格为中西合璧，欧式元素与中国古典元素兼而有之。在使用功能上，售楼处花园中营造了休憩、停留空间，为客户与销售人员营造一个安逸、宁静、舒适、优美的户外洽谈环境。具体空间处理手法如下（图4-50~图4-53）。

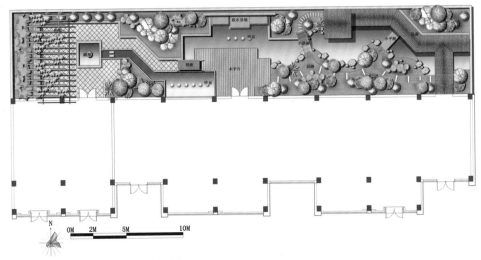

图4-50　南京名城世家小区售楼处花园平面

图4-51　南京名城世家小区售楼处花园鸟瞰

图 4-52　南京名城世家小区售楼处花园建成景观一

图 4-53　南京名城世家小区售楼处花园建成景观二

（1）借鉴江南私家园林的造园方法，在有限的场地中，通过类似流动空间的分隔与穿插的处理手法，营造出丰富的景观效果，从而达到"小中见大""一峰则太华千寻，一勺则江湖万里"的景观感受。

（2）该场地由于东西向狭长，因此在空间布局上，把花园从东到西划分为东园、中园、西园三个空间单元，并以一条东西方向的水景将三个空间单元相互串联起来，从而削弱地块东西向的狭长感。

（3）充分利用售楼处建筑与花园之间的门、窗等视线通廊，使花园室外景观尽可能地延伸至售楼处室内空间之中，从而形成室内外空间的景观互动、渗透与融合。通过合理组织花园的景观元素，使人们从室内通过售楼处建筑门、窗看小花园，达到最佳视角的观赏效果。

4.4 | 入口景观

4.4.1　入口景观概念与内容

居住小区的入口景观作为居住小区与城市街道的融合点与交界面，既是居住小区景观序列开始的标志和引导段的起点，又是城市街道中具有特色和吸引力的景观节点之一，起到增强识别性、领域性、归属感的重要作用，是分隔小区内外空间的重要手段。入口景观通常包括大门门体、门禁系统、管理室、花架、围墙、绿化等内容。入口景观的设计在轮廓、尺度、形式、色彩等方面需与环境的氛围相统一，在空间上融为一体，形成互相穿插、渗透的空间效果，让人感到轻松、亲切、愉快。

4.4.2　入口景观的类型

居住小区入口景观的平面布局根据其使用功能和景观处理的不同情况有多种形式。

1）根据入口景观的布局形态划分

（1）对称式入口。各个入口景观元素对称布置并依中轴线展开景观序列。这种平面布局通常会给人以规整、严谨、秩序化强的感觉。

（2）非对称式入口。各个入口景观元素在平面上自由灵活布置。与前者相反，这种平面布局较为活泼生动、自然而富于变化。

2）根据入口广场空间情况划分

（1）广场型入口景观。是指带有广场的小区入口景观，入口广场一般起到交通组织与人流集散的作用，有时也可作为行人的休息空间，按广场和门体位置的关系大概有三类（图4-54）。

①广场在门体外面：人流和车流的交通组织与集散主要在门体之外。这是较为常见的入口景观平面布局形式，可以避免人流与车流对小区内部景观产生干扰。

②广场在门体里面：人流和车流的交通组织与集散主要在门体之内。在小区入口外部用地狭小，没有足够的场地布置集散广场时，通常采用这种平面布局形式。

③门体在广场中间：人流和车流的交通组织与集散在门体内外同时兼顾，是上两者的混合形式。

（2）非广场型入口景观。有些小区入口景观并没有广场，人流与车流在此无法停留，必须快速通过。这种平面布局形式一般用于小区的次入口或专用入口，有时也用于主入口。

3）根据入口景观人车交通组织情况划分

（1）人车分流入口。由于经济的飞速发展和社会的快速变化，拥有汽车的人们越来越多，为了安全和方便很多小区都实行人车分流，以方便管理。

（2）人行入口。这种入口由于排除了机械交通，因而出行安全，受限较小，可以创造出更加人性化的小区入口景观。

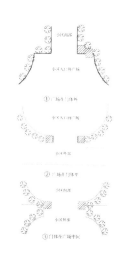

图 4-54　广场型入口景观

（3）人车合流入口。这也是目前我国老式小区流行的一种做法。它的好处是节省管理资源，但是因为人车共用，交通混乱。

案例1：江苏盐城领秀嘉园小区入口景观

领秀嘉园小区建筑风格是现代偏欧式，因此小区景观定位为欧式风格，计划从建筑整体环境入手，以明丽、大气的空间以及视线的收放处理来构筑精巧的景观布局。小区主入口轴线构图明确，形成了丰富的纵轴景观带。主入口前是大跌水，跌水后面写有小区案名的景墙，左右两侧是弧形叠水，上面有绿化种植池，种有红枫，其树形优美，红色叶鲜艳持久，与后面的大理石贴面景墙组成了一幅欧式画卷。主入口跌水和弧形的叠水景墙起到了集中视线的"收"的功能。经过主入口水景，轴线中心是一条绿化带，里面布置了欧式经典的花钵，左右两侧是树池，里面种植栾树，其后是花径，至此视线放开，人仿佛迈进了静谧的欧洲庄园。与主入口水景相呼应的是结尾处跌水雕塑的处理，水从跌水雕塑及上端水池跌入下面布有小喷泉的开敞水面，居民可以在此亲水、赏景，视线收拢。设计师通过对园林造景元素的巧妙运用使人的视线在主入口轴线上"收—放—收"，达到步移景异、远观近望俱佳的人性化效果（图4-55~图4-57）。

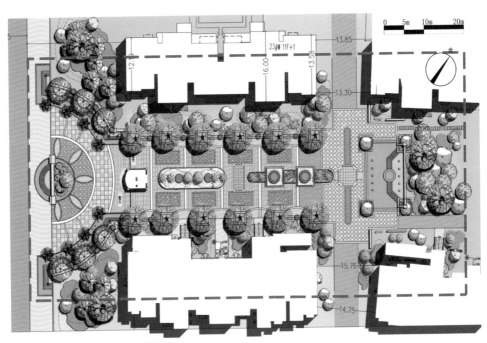

图4-55 盐城领秀嘉园小区入口景观平面

图 4-56　盐城领秀嘉园小区入口景观鸟瞰

图 4-57　盐城领秀嘉园小区入口景观立面

案例2：安徽合肥湖畔兰庭（公园2046）小区
入口景观

小区位于合肥瑶海公园北侧湖畔，与公园北大
门合用一个入口广场。因此，该入口既是小区的入
口，也是公园的入口。从城市道路颖河路进入广场，
首先映入眼帘的是标有公园名字的标志柱，标志柱
后面是广场的背景墙，人们从入口广场向西可以分
别进入小区与公园。入口广场的设置既满足了公园
与小区入口标志的形象要求，又提供了较大空间以
满足居民休闲及人流集散的活动要求（图4-58~
图4-60）。

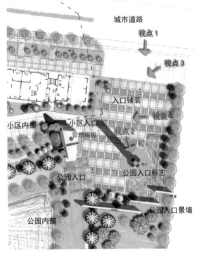

图4-58 合肥湖畔兰庭（公园
2046）小区入口景观平面

图4-60 合肥湖畔兰庭（公园2046）小区入口景观鸟瞰

视点一   视点二

视点三   视点四

图 4-60 　合肥湖畔兰庭（公园 2046）小区入口景观各视点

案例 3：安徽淮北"巴黎印象"小区入口景观

主入口在整个小区的北侧，从入口至小区中心组团绿地，由北向南形成了一个景观空间序列。小区入口是这个序列的起点，入口处设置了一个平面弧形的景门以形成框景效果。景门的门头有小区案名，景门前设置圆形广场，以起到人流集散的作用。在淮北"巴黎印象"小区三期小区入口景观的设计中，对景手法的运用很普遍，形式也多种多样。比较常见的一种是站在入口门前向门内看某一景物。与对景相类似的是框景，框景是透过门洞或窗洞来看某一景物，如果说对景的重点在所对的景点上，那么框景的重点就是在框的处理上。在小区入口景观设计中，对景与框景的手法可以各自单独使用，但结合使用往往可以取得更佳的效果。"巴黎印象"小区的入口景观通过门洞口与洞口内的红色抽象雕塑共同形成了很好的对景与框景效果（图 4-61、图 4-62）。

图4-61　淮北"巴黎印象"小区入口景观轴平面及建成景观序列

图4-62　淮北"巴黎印象"小区入口景观轴鸟瞰

案例 4：江苏镇江句容红旗水库小区入口景观

　　镇江句容红旗水库小区根据功能需要有东西两个入口。西入口景观主要由溪流跌水、春晖桥、沁芳榭、花溪拾趣等自然景观组成。从西入口进入小区，展现在眼前的是绿水青山的景象，路边的溪水随着地形高差形成跌水景观，一座小桥通往溪水彼岸，到达沁芳榭，人们可以在此停仁欣赏小桥流水，放松心情，聆听大自然的声音，漫步在溪水边、花林间，别有一番江南水乡的味道。东入口主要有景石、绿荫廊架、花汀水阵、惜花园景等景观。从东入口进入，经过绿荫廊架，是花汀水阵，可供人们休憩、游玩（图 4-63~ 图 4-66）。

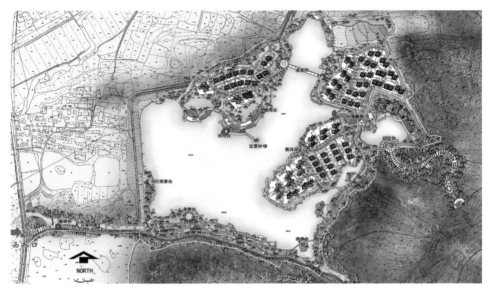

图 4-63　镇江句容红旗水库小区景观总平面

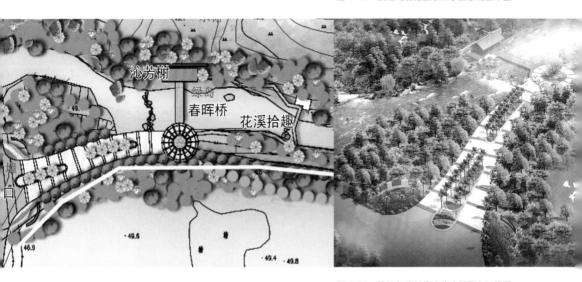

图 4-64　镇江句容红旗水库小区西入口景观

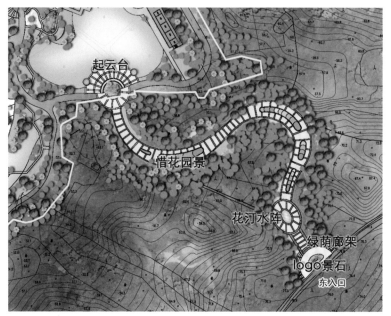

图4-65 镇江句容红旗水库小区东入口景观平面

图4-66 镇江句容红旗水库小区东入口景观鸟瞰

4.5 私家宅院

低层花园住宅庭园，可视为家庭庭园或私人庭园。通过有计划的布置，栽种各种观赏性植物及布置其他装饰，休闲、娱乐设施来美化和完善住宅环境。花园式宅院绿化在我国历史悠久，形式多样，南北方各具特色。

近年来，随着我国经济的迅速发展，各地已出现了部分高收入阶层居住的低层高标准住宅，形成了独门独院的独立户和2、3、4户的合体户形式(联排别墅)。每户房前留有较大面积的庭院，这里需要创造一个更加优美的绿化环境。我们常看到沿海经济发达地区的一些早期建造的私人住宅，只有豪华而拥挤的建筑，十分缺乏应有的绿化环境，这显然是落后于时代的步伐。一个有良好环境的独居私宅，庭院绿化面积至少应为占地面积的1/2~2/3，才能成为真正温馨、舒适的居住环境。目前国内的别墅住宅，虽然都有自己的花园，但面积较小，布置起来较为困难。不过客观上这类别墅小花园发展很快，数量很多。

设计的要求主要有：

（1）满足室外活动的需要，将室内室外统一起来安排。

（2）简洁、朴素、轻巧、亲切、自由、灵活。

（3）为一家一户独享，要在小范围内达到一定程度的私密性。

（4）尽量避免雷同，每个院落各异其趣，既丰富街道面貌，又方便各户自我识别。

4.5.1 私家宅院的功能作用

住宅庭园不仅是住所的延续，也是户外活动的起居室，不但美化了环境，同时也具有相当的实用价值，其作用体现在：

（1）可作为社交活动的场所。由于庭园的美化布置，它可作为交流招待的场所，即户外客厅的作用，实质功用因之扩大。

（2）可作为家庭生活的环境。在以家庭生活为核心时，庭园空间甚为重要，可满足人们观赏、休息、防风、防尘、防噪声，以及庇荫等生活需求。运动、散步、游戏、作息，均为日常所需。所以住宅庭园为家庭生活的重要空间，成为户外活动的起居室。

（3）可作为特定用途的场所。住宅庭园课细分为门庭、前庭、后庭、主庭、中庭等几大部分。门庭及前庭可做回车、停车之用，主庭为家庭共赏玩乐的区域。

（4）可作为个人嗜好所需的环境。庭园本来即为满足个人生活所需而造，因此亦可随个人嗜好的不同，建造适合自己生活所需的环境，如游泳池、球场、健身区甚至池塘等。

4.5.2 私人住宅庭园的分区及设计要点

1）前庭（公开区）

从大门到房门之间的区域就是前庭，它给外来访客以整个景观的第一印象，因此要保持清洁，并给来客一种清爽、好客的感觉。前庭如与停车场紧邻时，更要注重实用美观。前庭包括大门区域、草地、进口道路、回车道、屋基植栽及花坛等。设计前庭时，不仅宜与建筑协调，同时应注意街道及环境四季景色，不宜有太多变化。

2）主庭（私有区）

主庭是指连接起居室、会客厅、书房、餐厅等室内主要部分的庭园区域，面积较大，是一般住宅庭园中最重要的一区。主庭，最足以发挥家庭的特征，是家人休憩、读书、聊天、游戏等从事户外活动的重要场所。故其位置一般设置于庭园的最优部分，最好是南向或东南向。日照应充足，通风需良好，如有冬暖夏凉的条件最佳。为使主庭功能充分表现，应设置水池、假山、花坛、平台、凉亭、走廊、喷泉、瀑布、座椅及家具等。

3）后庭（事务区）

所谓后庭，即家人工作的区域，同厨房与卫生间相对，是日常生活中接触时间最多的地方。后庭的位置很少向南，为防夏日西晒，可于北、西侧栽植高大常绿屏障树，并需与其他区域隔离开来。由于厨房、卫生间的排水量多，且不易清洁，故在邻近建筑物附近，用水泥铺地，园路以坚固实用为原则，需与其他区域相通。后庭栽植树木种类，宜以常绿为佳，主要配置有杂物堆积场、垃圾箱、洗晒场、垃圾焚烧炉、狗屋等。后庭应与庭园其他区域隔离，为不公开区域。后庭是紧接厨房、浴室的最实用区域，通常也是放置杂物、垃圾桶以及晒衣服的场所，所以道路以保持畅通为原则，如有障碍物要迅速清扫，后庭主要部分多为混凝土地面或地砖铺地。

4）中庭

指三面被房屋包围的庭园区域，通常占地较少。一般中庭日照、通风都较差，不适合种植树木、花草，可摆设雕塑品、庭园石或筑一个浅水池，陈设一些奇岩怪石，或铺以装饰用的沙砾、卵石等。此外，选用配植的庭木时，要挑耐阴性的种类，最好是形状比较工整、生长缓慢的植物，栽植的数量也不可过多，以保持中庭空间的幽静整洁。

5）通道

庭园中联结各部分的功能性区域就是通道。可以采用踏石或其他铺地增加庭园的趣味性，沿着通道种些花草，更能衬托出庭园的高雅气氛。其空间范围虽少，却可兼具道路与观赏用途。

案例1：江苏南京江宁某宅庭院

该庭院南面临湖，东面为一条小河，别墅建筑在用地的北侧。设计提供了两个方案，方案一是实施方案，方案二是比选方案。实施方案中，院落的入口在西北角，入口东侧设置停车位，主人在此下车步行进入院落。院落中心为活动草坪，空间比较开阔，整个院落以中心草坪来组织空间。草坪北侧为别墅建筑的主入口及起居室落地窗，南侧设置临湖木平台。西侧设计的木亭及小水池即是休息空间，又成为整个庭院西北角主入口的对景（图4-67~图4-69）。

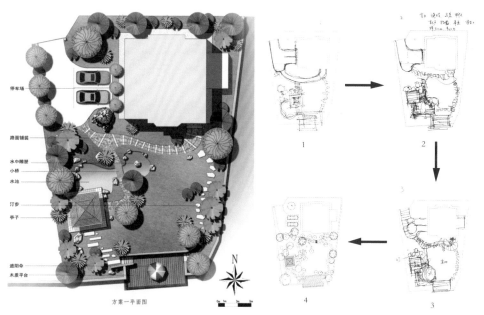

停车场

路面铺装

水中雕塑

小桥

水池

汀步

亭子

遮阳伞

木质平台

方案一平面图

图 4-67　南京江宁某宅庭院平面

图 4-68　南京江宁某宅庭院方案一构思过程草图

图 4-69　南京江宁某宅庭院景观

案例 2：江苏南京江宁某宅庭院

别墅院落平面呈梯形，入口设在南侧，入口西侧为停车棚。整个庭院以别墅北侧的活动草坪来组织空间。活动草坪的东侧设置一个六角亭。活动草坪的西侧设置现代廊架及水池，造型亲切可人，同时也是庭院主入口的对景（图 4-70~ 图 4-73）。

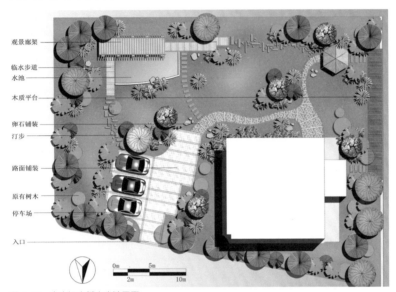

观景廊架
临水步道
水池
木质平台
卵石铺装
汀步
路面铺装
原有树木
停车场

入口

0m   5m
2m   10m

图 4-70 南京江宁某宅庭院平面

图 4-71 南京江宁某宅庭院廊架景观

图 4-72　南京江宁某宅庭院景观亭

图 4-73　南京江宁某宅庭院景观

案例 3：江苏南京仙林某宅庭院

庭院被会所建筑分为一南一北两个部分。北院部分设计为欧式风格，构图规整对称，设有游泳池、花钵、欧式廊架等。南院为中式传统园林风格，入口院落设计仿南京瞻园入口，南院中部设有自然水池、传统院落、亭廊水榭、假山叠水等，形成了一个宁静的空间（图 4-74~图 4-79）。

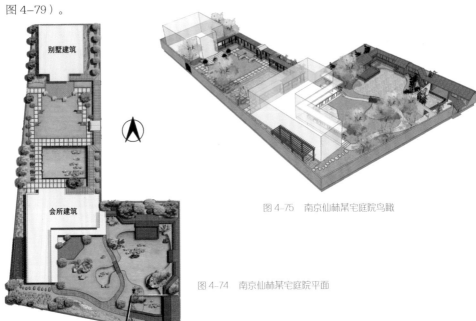

图 4-75　南京仙林某宅庭院鸟瞰

图 4-74　南京仙林某宅庭院平面

图 4-76　南京仙林某宅北庭院鸟瞰

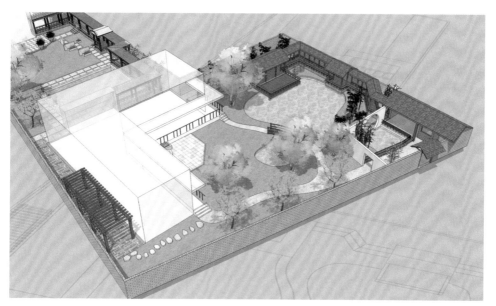

图 4-77　南京仙林某宅南庭院鸟瞰

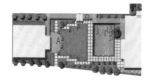

A 点透视

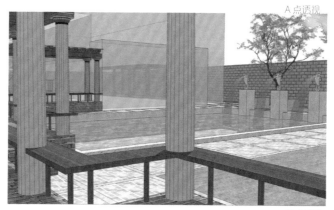

B 点透视

图 4-78　南京仙林某宅北庭院透视

163

C点透视

D点透视

E点透视

图4-79　南京仙林某宅南庭院透视

案例 4：四川成都某宅庭院

"蜀文化"的性格特征是"水"，所以，位于成都的本庭院的景观设计以水为主线贯穿始终，结合竹、柏、石板路、卵石桥、景墙等体现院落文化的景观要素，全力打造一个令人心醉的中式院落。本院落精华地段采用开阔视野的设计手法，表现出院落如我国山水诗、山水画般的意境，整个景观由知鱼轩、廊架以及连通水面的光带等节点组成，白卵石和木铺装的搭配，使整个院落更显古朴、清雅（图 4-80）。

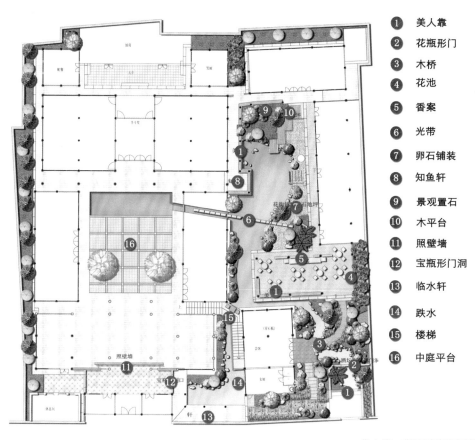

① 美人靠
② 花瓶形门
③ 木桥
④ 花池
⑤ 香案
⑥ 光带
⑦ 卵石铺装
⑧ 知鱼轩
⑨ 景观置石
⑩ 木平台
⑪ 照壁墙
⑫ 宝瓶形门洞
⑬ 临水轩
⑭ 跌水
⑮ 楼梯
⑯ 中庭平台

图 4-80　成都某宅庭院平面图

案例 5：江苏镇江某宅庭院

　　庭院分为两部分，一部分是环绕整个别墅的东院，还有一部分是别墅西北角相对独立的西院。西院的设计提供了两个方案，方案一是传统的中式园林，设有水池、瀑布、亭廊水榭等。方案二是结合地形设计的意大利台地式园林，被选为实施方案（图 4-81～图 4-85）。

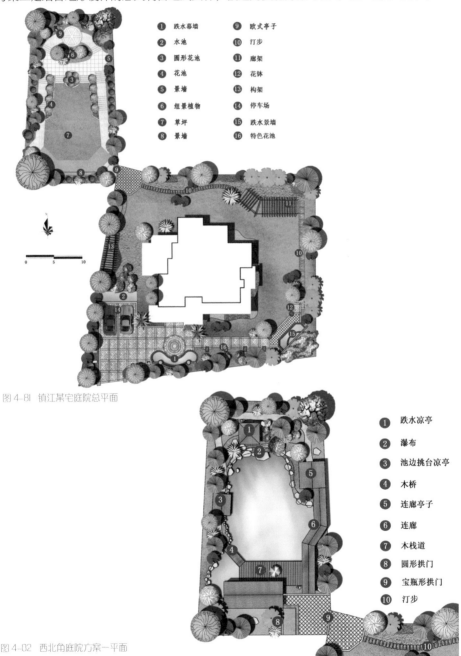

①	跌水幕墙	⑨	欧式亭子
②	水池	⑩	汀步
③	圆形花池	⑪	廊架
④	花池	⑫	花钵
⑤	景墙	⑬	构架
⑥	组景植物	⑭	停车场
⑦	草坪	⑮	跌水景墙
⑧	景墙	⑯	特色花池

图 4-81　镇江某宅庭院总平面

①	跌水凉亭
②	瀑布
③	池边挑台凉亭
④	木桥
⑤	连廊亭子
⑥	连廊
⑦	木栈道
⑧	圆形拱门
⑨	宝瓶形拱门
⑩	汀步

图 4-82　西北角庭院方案一平面

图 4-83　西北角庭院方案一鸟瞰

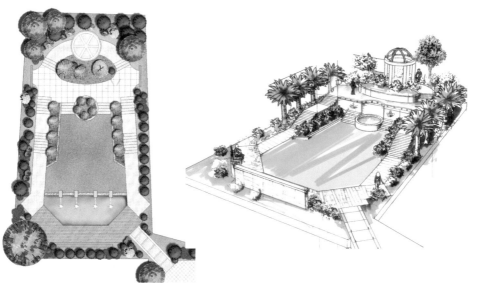

图 4-84　西北角庭院方案二平面　　　　　图 4-85　西北角庭院方案二鸟瞰

167

案例 6：江苏南京某别墅区样板庭院

该别墅区样板庭院分为东西两个院落，为了展现欧式风格，主要由铁艺秋千、陶土罐小品、小阶梯花坛、棕榈植物等组成花园景观。平面上以规则式构图为主，立面上用阶梯花坛来体现高差的变化。植物配置上采用季相变化明显的植物，做到四季有花可赏、有景可观（图 4-86~图 4-91）。

图 4-86　南京某别墅区样板庭院植物、小品配置及意向

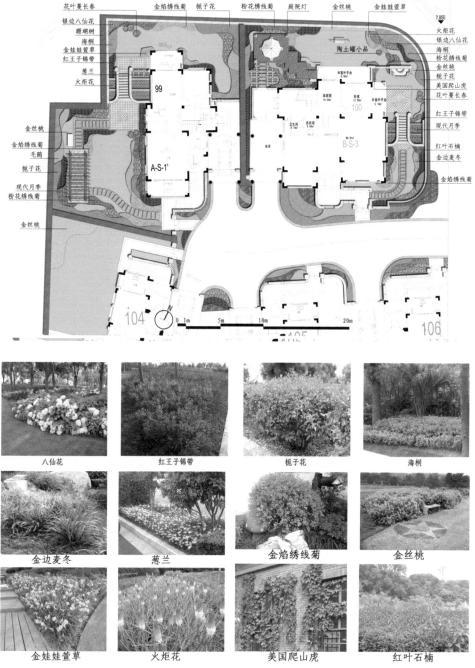

图 4-87 南京某别墅区样板庭院植物配置及意向

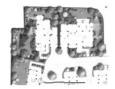

图 4-88 南京某别墅区样
板庭院视角一景观

图 4-89 南京某别墅区样板
庭院视角二景观

图 4-90 南京某别墅区样板
庭院视角三景观

图 4-91 南京某别墅区样板庭
院视角四景观

4.6 | 道路绿地景观

居住区道路绿地是居住区内道路红线以内的绿地，其连接城市干道，具有遮阴、防护、丰富道路景观等功能，一般根据道路的分级、地形、交通情况等进行布置。居住区道路绿地是绿化系统的一部分，也是居住区"点、线、面"中"线"的部分，它起到连接、导向、分割、围合等作用，沟通和连接居住区公共绿地、宅旁绿地等各类绿地。

4.6.1 居住区道路分级及绿化设计要点

根据居住区的规模和功能要求，居住区道路可分为居住区级道路、小区级道路、宅间道路及游步道四级。道路绿化的设计应与各级道路的功能相结合。

1）居住区级道路

居住区级道路为居住区的主要道路，是联系居住区内外的通道。除人行外，车行也比较频繁，一般为双向2车道或双向4车道，行道树的栽植要考虑遮阴与交通安全，在交叉口及转弯处要依据安全三角视距要求，保证行车安全。此三角形内不能选用体型高大的树木，只能用不超过0.7米高的灌木、花卉与草坪等。主干道路面宽阔，可选用体态雄伟、树冠宽阔的乔木。可使干道绿树成荫，但要考虑不影响车辆通行；行道树的主干高度取决于主干道路的性质、车行道的距离和树种的分枝角度，距车行道近的可定为3米以上，距车行道远、分枝角度小的则不要低于2米。在人行道和居住建筑之间，可多行列植或丛植乔灌木，以草坪、灌木、乔木形成多层次复合结构的带状绿地，起到防尘、隔声的作用（图4-92）。

图4-92 居住区级道路

2）小区级道路

居住小区的主要道路，一般路宽 7 米。这里以人行为主，有时兼做车行道。树木配置要活泼多样，根据居住建筑的布置、道路走向以及所处位置、周围环境等加以考虑。在树种的选择上，可以多选小乔木及开花灌木，特别是一些开花繁密、叶色变化的树种，如合欢、樱花、五角枫、红叶李、乌桕、栾树等。每条路可选择不同的树种、不同断面的种植形式，使每条路的种植各有特色。在一条路上以某一两种花木为主体，例如合欢、紫薇、丁香等。在台阶等处，应尽量选用统一的植物、材料，以起到明示作用（图 4-93）。

图 4-93　小区级道路

3）宅间道路

宅间道路是通向各住宅户或各单元入口的道路，一般以通行自行车和人行为主，绿化与建筑的关系较为密切，一般路宽 2.5~4 米左右，绿化多采用开花灌木（图 4-94）。

图 4-94　宅间道路

173

4）游步道

小区景观内部游步道,仅供人行,一般宽1~2米,绿化布置时要适当退后路缘0.5~1米(图4-95)。

图4-95 游步道

4.6.2 居住区道路绿化带种植形式

1）落叶乔木与常绿绿篱相结合

用黄杨、侧柏等常绿乔木及落叶乔木将车行道及人行道隔开，既减少了灰尘及汽车尾气对行人的侵害，又防止行人随意横穿街道（图4-96 ）。

图4-96 道路绿化带种植形式：落叶乔市与常绿绿篱相结合

2）以常绿树为主的种植

种植常绿乔木及常绿绿篱，并点缀各种开花灌木，艺术效果较好，由于常绿树生长缓慢，在初期遮阴效果差，故在常绿树之间种植窄树冠的落叶乔木（图 4-97）。

图 4-97　道路绿化带种植形式：以常绿树为主的种植

3）以落叶乔木及灌木为主的种植

一些居住区的道路常采用以落叶乔木为主的种植，较为经济，但冬季景观较差，可用常绿树点缀在视线集中的重要地段（图 4-98）。

图 4-98　道路绿化带种植形式：以落叶乔木及灌木为主的种植

4）草地和花卉

草地和花卉艺术效果好，特别适于绿化带下管线多、有地下构筑物、土层薄、不宜栽植乔灌木的情况（图4-99）。

图4-99　道路绿化带种植形式：草地和花卉

5）带状自然式种植

树木三五成丛，高低错落地布置在车行道两侧，需要有较好的施工和养护条件，并有一定规格的绿化材料（图4-100）。

图4-100　道路绿化带种植形式：带状自然式种植

6）块状自然式种植

由大小不同的几何绿块组成人行道绿化带，在绿块间布置休息广场、花坛；绿块按自然式种植，用草地的底色衬托观赏树（图 4-101）。

图 4-101　道路绿化带种植形式：块状自然式种植

4.7 | 活动场所景观

4.7.1　儿童游戏场

儿童游戏场是居住区公共设施系统的重要组成部分。儿童户外活动的四个特点是：不同年龄的聚集性、季节性、时间性、自我中心性，这是儿童游戏场规划布局的依据（图 4-102）。

图 4-102　儿童游戏场

1）儿童游戏场的基本类型

（1）创造性游戏。儿童最主要的游戏形式，是由儿童自己想出来的，具有模仿性和表现性的特点，并反映周围事物，如扮炊事员、飞行员、司机、售票员等。

（2）建筑游戏。利用建筑材料（积木、木块、沙子）来进行各种建筑物的建造游戏，游戏中儿童通过想象来仿建周围事物的形象，如建楼房、建水库等运动型游戏。体力活动的游戏，可使儿童练习各种基本动作，增强与同伴合作的能力。

（3）冒险性游戏。这是对儿童体力、技巧、勇敢精神要求较高的一种游戏。如"过大渡河""攀雪山""过悬索桥""原始村落探险"等。游戏中，儿童受到挑战，体力和意志品质得到锻炼。

（4）交通性游戏。模拟城市交通，对儿童进行交通知识教育，设计开小汽车、脚踏车的行驶车道，车道设计有弯道、坡道、隧道和立交桥，设有交通信号和交通标志，并由儿童自己来指挥交通。

（5）戏水游戏。儿童特别喜欢戏水，可以设置根据水力学原理设计的设施。

2）儿童游戏场基本设计原则

（1）游戏设备要丰富多样，场地要宽阔。儿童喜好活动，但耐久性差，所以游戏的种类要多样，便于选择玩耍，以吸引儿童参与。

（2）临近住宅入口。幼儿尤其喜欢在住宅入口附近玩耍，有时可以在入口处加宽铺装面积以供儿童活动。

（3）儿童有"自我中心性"的特点，在游戏时往往忽略周围的车辆和行人，因此儿童游戏场的位置或出入口的设置要恰当，避免交通车辆穿越，确保儿童安全。

（4）低龄儿童游戏区与大龄儿童游戏区应分别考虑，同时注意其间的联系。

（5）提供可坐着看清整个场地的长椅。当孩子和家长可以互相看见对方时，他们会觉得更安全。年幼的孩子，如正在学步的孩子与年纪较大的学龄前儿童相比，需要离他们的父母更近。沙坑边缘布置长椅可以满足前者的需要，而将长椅放得较远些可以满足较大的儿童的需要，同时方便家长之间的交流。

（6）提供游戏的水源。孩子们在玩耍的时候可能会把自己弄得很脏，想去冲洗一下，家长也喜欢儿童活动场地中有水的游戏区域。而且，有了水之后，沙子可以用来做模型，可以做出小河和壕沟，这样沙子的游戏潜力将成倍提高。但同时应考虑设施的维护和安全防护，以避免浪费。

（7）在游戏器械下面铺设沙子。沙子是理想的缓冲面材。树皮削片(棕褐色树皮)、豌豆碎石、注塑橡胶和橡胶垫也是可接受的弹性面材，但没有沙子那样的内在游戏价值。在任何情况下，游戏器械都不应该放置在混凝土或沥青地面上。儿童游戏场的设计要符合儿童活动规律，并要具有较强的吸引力。

4.7.2 老年人活动场地

老年人的活动场地，必须满足其生理特征。老年人的生理机能有不同程度的减弱，导致感知功能如视觉、听觉的退化等。因此，老年人活动场地应有充足的采光和照明，增强物体的明暗对比和色彩的亮度，创造较为近距离的人际交流谈话空间，如较小的、有相对围合的交流空间。老年人肌肉及骨骼系统的协调性和灵活性下降，因此，老年人活动场地应注意采取地面防滑措施，地面尽量保持平整，减少地面高差的变化，有高差变化处以及台阶坡道端头的地面上，应有明显的警告提示，如色彩的变化或材料纹理的改变等。无障碍设计是老年人活动场地设计的基本原则，具体设计细则如下（图 4–103）。

图 4–103　老年人活动场地（门球、下棋、健身、闲聊等各种活动内容）

（1）专用的老年人活动场地宜与组团级及以上的公共绿地结合设置，需要与居住区主要交通道路保持一定距离（可减少汽车噪声、灰尘对老年人活动的影响）；其占地面积一般为200~500 平方米，不宜小于 200 平方米，服务半径不宜大于 300 米，应保证至少有 1/3 的活动场地在标准建筑日照阴影线范围之外，以方便设置健身器材，有利于老年人进行户外锻炼及休憩活动。

（2）老年人活动场地的活动区，其地面的硬质铺装要平坦、防滑，以方便老年人进行健身活动，如散步、跳舞、慢跑、拳操等。此区域的铺装应注意防滑，避免使用凹凸不平的铺装材料，以方便老年人开展各类活动。

（3）老年人活动场地的休息区除进行硬质铺装外，还可种植草坪，而且需要对这个区域进行有效的领域限定，如设置低矮灌木、矮墙、围栏、花坛等。此外还可以种植一些树冠较大的乔木，以便夏季时提供树荫庇护休息区，还应提供桌椅、亭、廊、花架等设施，供老年人休憩、观望、聊天、弹唱时使用。

4.7.3　健身运动场地

人们常说，现在的世界是一个车轮上的世界，汽车作为一项代步工具在当今社会越来越普及，与之相应的，是人们的运动量的减少，以至于各种疾病的提早到来。在居住区中设计较多的运动场所，能为当今忽略运动的人们提供健身的便利条件，从而促进人们的身心健康。其设计要点如下（图 4–104）。

图 4-104　健身运动场地

（1）专项活动场地，如篮球场、网球场、羽毛球场、门球场和乒乓球场等，服务半径不大于 500 米，可结合小区中心绿地及公共服务设施（会所、运动馆等）设置，其占地面积根据实际运动场的大小而定，最小不宜小于 350 平方米（略大于半个篮球场加休息区的面积）。

（2）场地的功能布局可分为运动区和休息区两个部分。运动区的运动场地应根据所提供运动项目的相关技术要求进行设计。休息区布置在运动区周围，供运动的居民休息和存放物品。休息区的铺装应平整防滑，宜种植遮阴乔木，设置花坛、花台等设施，并应布置适量的座椅以供人休息、观看。有条件的小区宜设置饮水器。休息区的边缘宜用矮墙、围栏（高度以不阻拦路人观看的视线为宜，因此不宜大于 1.5 米）、铁丝网（不影响视线的通透性）等设施进行围合，以明确限定本场所空间，增加领域感。

（3）场地的入口处应设置路障，以避免机动车的驶入；若设置台阶，则应配置轮椅坡道，以方便行动不便者进入。并宜在入口处设置标明场地的信息标志牌，对场地的开放时间及其他相关事项进行说明。

（4）场地可以进行多用途的复合。如在场地没有进行专项运动的时候，可以向儿童、老年人开放，开阔的场地可以容纳他们做一些别的活动，如游玩、练操、跳舞等。

4.8　建筑物附属绿化景观

4.8.1　架空层景观

架空层指仅有结构支撑而无围护结构的开敞空间层。住宅区架空层指住宅楼及含有住宅综合楼的部分或全部某层空间至少有两面不设护围，使之成为通透、延续的空间，一般对住宅区内所有居民开放，作为休闲、活动的非经营性公共空间。底层架空住宅广泛适用于南方亚热带气候区，有利于居住院落的通风和小气候的调节，方便居住者遮阳避雨，并起到绿化景观的作用。这种结构除了在南方沿海城市使用较多，在内陆城市也有采用，特别是房屋密集、容积率高的小区，为增加绿化面积和公共面积而做出一种变相的绿地形态，具有过渡性、开放性和地域性等特点。通过合理设计架空层的绿化，可以增加居住区的绿化面积，改善小气候，增加私密性，增进邻里关系，同时还可以形成相对独立的特殊空间而丰富建筑设计的手法。架空层内宜种植耐阴性的花草灌木，局部不通风的地段可布置枯山水景观。而作为居住者在户外活动的半公共空间，可配置适量的活动和休闲设施（图 4-105）。

图 4-105　架空层景观

4.8.2　露台与屋顶花园

随着居住条件的改善，一些高档的低层及中高层住宅开始利用建筑露台、屋顶进行绿化布置，从而出现了空中花园，以满足使用者的需求。通过小小的屋顶及露台绿化，使人们在家里就能接触到绿色自然，同时，也给居住者提供了室外观景、休憩、家庭娱乐的良好活动场所（图 4-106、图 4-107）。

图 4-106　屋顶花园

图 4-107　露台景观

露台与屋顶花园都是在建筑物顶层建造的绿化景观，其营造比地面绿化要困难得多，与普通的花园相比有其特殊性。第一，屋顶绿化要考虑庭园的总重量及分布，建筑物是否能承受得住。为了使建筑物不致负担太重，就不能用一般的造园方式，而要在庭园的结构上下功夫，提出切实可行、经济合理的方案。第二，屋顶面积一般较小，形状多为工整的几何形，四周一般无遮挡或较少遮挡，空间空旷开敞。因此，造园多以植物配置为重点，配置一些建筑小品，如水池、喷泉、雕塑等。不宜建造体量较大的园林建筑和种植根深冠大的树木。可以利用屋顶上原有的建筑如电梯间、库房、水箱等，将之改造成为适宜的园林建筑形式。

1）屋顶花园的构造和要求

一般屋顶花园种植层的构造是：植物层、种植土层、过滤层、排水层、防根层、防水层、找平层、保温隔热层和结构承重层等，以下是通常的做法（图 4-108、图 4-109）。

181

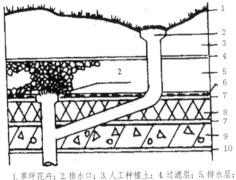 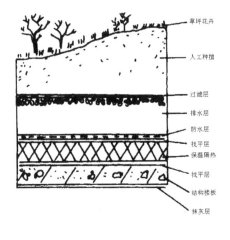

1. 草坪花卉；2. 排水口；3. 人工种植土；4. 过滤层；5. 排水层；

6. 防水层；7. 找平层；8. 保温隔热层；9. 结构层；10. 抹灰层。

图 4-108　屋顶花园排水构造

注：资料来源于封云，林磊，《公园绿地规划设计》，北京，中国林业出版社，2004 年出版。

图 4-109　屋顶花园构造剖面图

注：资料来源于封云，林磊，《公园绿地规划设计》，北京，中国林业出版社，2004 年出版。

（1）植物层：草坪、花卉、灌木、乔木等（含人造草皮）人工种植层。

（2）种植土层：为减轻屋顶的附加荷重，种植土常选用经过人工配置的，既含有植物生长必需的各类元素，又要比陆地耕土容重小的种植土。

（3）过滤层：防止种植土内细小材料的流失，以致堵塞排水系统，多用玻璃纤维布或粗砂（厚50毫米）。

（4）排水层：多用陶粒、碎石、轻质骨料以及厚 100 ～ 200 毫米的砾石或厚 50 毫米的焦渣层等。

（5）防根层：一般和防水层结合，使用聚乙烯塑料布（垫）防止根的穿透，以保护屋面。

（6）防水层：多用油毡卷材、三元乙丙相交防水布等。

（7）找平层：多用粗砂细石混凝土。

（8）保温隔热层：多用加气混凝土、蛭石板、珍珠岩板、泡沫混凝土、焦渣等。

（9）结构承重层：与屋面建筑层结合，现浇混凝土楼板或预制空心楼板。

随着建筑技术的快速进步，屋顶花园建造方法也在不断地发展，新材料、新工艺、新做法不断涌现。

2）屋顶花园的荷载

对于新建屋顶花园，需按屋顶花园的各层构造做法和设施，计算出单位面积上的荷载，然后进行结构梁板、柱、基础等的结构计算。如果在原有屋顶上改建的屋顶花园，则应根据原有建筑屋顶构造、结构承重体系、抗震级别和地基基础、墙柱及梁板构件的承载能力，逐项进行结构验算。不经技术鉴定或任意改建，将给建筑物安全使用带来隐患。

（1）活荷载。按照现行荷载规范的规定，人能在其上活动的平屋顶活荷载为 150 千克 / 平方米。供集体活动的大型公共建筑可采用 250~350 千克 / 平方米的活荷载标准。除屋顶花

园的走道、休息场地外，屋顶上种植区
可按屋顶活荷载数值取用。

（2）静荷载。屋顶花园的静荷载包
括植物种植土、排水层、防水层、保温
隔热层、构件等自重及屋顶花园中常设
置的山石、水体、廊架等的自重，其中
以种植土的自重最大，其值随植物种植
方式不同（图4-110）和采用何种人工
合成种植土而异（表4-1、表4-2）。

此外，对于高大沉重的乔木、假山、
雕塑等，应位于受力的承重墙或相应的
柱头上，并注意合理分散布置，以减轻
花园的重量。

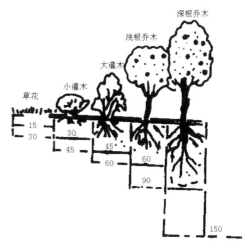

图4-110 植物生长的土壤深度
注：资料来源于封云，林磊，《公园绿地规划设计》，
北京，中国林业出版社，2004年出版。

表4-1 各种植物的荷载

植物名称	最大高度/米	荷载/（千克/平方米）
草坪	—	5.1
矮灌木	1	10.2
1~1.5米灌木	1.5	20.4
高灌木	6	30.6
小灌木	3	10.8
小乔木	10	61.2
大乔木	15	153.0

表4-2 种植土及排水层的荷载

分层	材料	1厘米基质层/（千克/平方米）
种植土	土2/3，泥炭1/3	15.3
	土1/2，泡沫物1/2	12.24
	纯泥炭	7.14
	重园艺土	18.36
	混合肥效土	12.24
	沙砾	19.38
排水层	浮石砾	12.24
	泡沫熔岩	12.24
	石英砾	20.4
	泡沫材料排水板	5.1 ~ 6.12
	膨胀土	4.08

注：①土层干湿与荷载有很大关系，一般可增加25%左右，最多增加50%，设计时还应将此因素考虑在内。
　　②资料来源于黄东兵，《园林规划设计》，2002年。

3）绿化种植设计

（1）种植类型。

乔木有自然式或修剪型、栽种于木箱或其他种植槽中的移植乔木，以及就地培植的乔木。灌木有片植的灌木丛、修剪型的灌木绿篱和移植灌木丛。攀缘植物可靠墙吸附墙壁，也可环绕树干，或自上而下下垂等。

草坪有修剪草皮和自然生长的草皮与开花的自然生长的地被植物。

观花及观叶草本植物有花坛、地毯状花带、混合式花圃以及各种形式的观花或观叶的植物群、高株形的花丛、盆景等。

（2）种植要点。

屋顶造园土层薄而风力比地面大，易造成植物的"风倒"现象，故应选取适应性强、植株矮小、树冠紧凑、抗风不易倒伏的植物。由于大风对栽培土有一定的风蚀作用，所以绿化栽植最好选择在背风处，至少不要位于风口或有很强穿堂风的地方。

屋顶造园的日照要考虑周围建筑物对植物的遮挡，在阴影区应配置耐阴或阴生植物，还要注意防止由于建筑物对阳光的反射和聚光，致使植物局部被灼伤现象的发生。最好选择耐寒、耐旱、养护管理方便的植物。

4.8.3 阳台、窗台绿化

阳台与窗台不仅增加了人们与大自然亲近的机会，还美化了居住环境。

1）阳台绿化（图 4-111）

阳台绿化设计应按建筑立面的总设计要求考虑。西阳台夏季西晒严重，采用平行垂直绿化较适宜。植物形成绿色帘幕，避免烈日直射，起到隔热降温的作用，使阳台形成清凉舒适的小环境。在朝向较好的阳台，可采用平行水平绿化。为了不影响生活功能的要求，根据具体条件选择合适的构图形式和植物种类；为了不影响室内采光，有栽培管理经验的可选择落叶观花观果的植物，如金银花、葡萄等。

2）窗台绿化（图 4-112）

图 4-111 阳台绿化

图 4-112 窗台绿化

184

窗台似乎是微不足道的可绿化场所，但在国外居住建筑中，对于长期居住在闹市的居民来说却是一处丰富住宅建筑环境景观的"乐土"。当人们平视窗外时，可以欣赏到窗台的"小花园"，感受接触自然的乐趣。窗台绿化便成为建筑立面美化的组成部分，也是建筑纵向与横向绿化空间序列的一部分。

4.8.4　墙面绿化

墙面绿化是垂直绿化的主要绿化形式，是利用具有吸附、缠绕、卷须、钩刺等攀缘特性的植物绿化建筑墙面的绿化形式。居住区建筑密集，墙面绿化对居住环境质量的改善更为重要。墙面绿化要根据居住区的自然条件、墙面材料、墙面朝向和建筑高度等选择适宜的植物材料（图 4–113）。

（1）墙面材料：常用木架、金属丝网等辅助植物攀缘在墙面上，经人工修剪，将枝条牵引到木架、金属网上，使墙面得到绿化。

（2）墙面朝向：墙面朝向不同，适宜采用的植物种类也不同。如朝南墙面，可选择爬山虎、凌霄等；朝北的墙面选择常春藤、薜荔、扶芳藤等。

图 4-113　墙面绿化

第5章 景观构成元素设计

5.1 铺地

铺地作为空间界面的一个方面而存在着，就像在进行室内设计时必然要把地板设计作为整个设计方案中的一部分统一考虑一样，居住小区铺地极其深刻地影响着居住区环境空间的景观效果，是整个空间画面不可缺少的一部分。

5.1.1 铺装的设计要点

1）实用性设计

（1）为人流集散、休闲娱乐等活动提供场地。

园林铺装的主要功能就是它的实用性，以道路、广场、活动空间的形式为游人提供一个停留和游憩空间，往往结合园林其他要素如植物、园林小品、水体等构成立体的外部空间环境，为人们提供休息、活动、集散的场所。因此，在铺装设计中要根据铺装的不同功能类型进行设计。例如，人行与车行铺装应有不同的铺装基层与面层处理，儿童、健身场地活动空间可以选择有弹性、安全的塑胶地面，用于轮滑等活动的铺装面层要相对平整等。

（2）划分空间。

园林铺装通过材料或样式的变化体现空间界线，在人的心理上产生不同暗示，达到空间分隔及功能变化的效果。两个不同功能的活动空间往往采用不同的铺装材料，或者即使使用同一种材料，也采用不同的铺装样式。例如，休憩区与道路采用不同的铺装，则给人以从一个空间进入另一个空间之感，起到空间的过渡作用。

（3）交通引导。

铺装材料可以提供方向性，当地面被铺成带状或某种线形时，它便能指明前进的方向。铺装材料可以通过引导视线将行人或车辆吸引到其"轨道"上，以指明如何从一个目标移向另一个目标。不过，铺装材料的这一导引作用，只有当其按照合理的运动路线被铺成带状或线状时，才会发挥作用。而当路线过于曲折变化，并使人感到走"捷径"较容易时，其导向作用便难以发挥。

2）安全性设计

首先，室外场地铺装应注意防滑，主要从铺装面层工艺及防止青苔两方面入手。室外场地铺装不适于大面积使用光滑材质，比如面层抛光的石材。如使用石材铺装，按铺装的使用功能和使用频率可分别采用火烧面、荔枝面、斧凿面、拉丝面等表面处理工艺。光滑材质可运用于花池、树池等收边的位置，铺设宽度不应超过30厘米。其次，在危险及容易发生事故的地段，铺装应予以提示。比如，台阶向下的第一级踏步应用铺装的质感或颜色予以提示，尤其是在台阶的级数较少、踢面高度较低的情况下。不设护栏的滨水场地临水处应以铺装的形式给人以提示。

3）艺术性设计

在居住区景观设计中，漂亮的铺装图案是不可忽略的重要组成部分，它对景观营造的整体形象有着极为重要的作用。在铺装细节设计上，要注意铺装伸缩缝、排水口、各种雨污和电力井盖等的美化处理（图5-1、图5-2）。另外，良好的铺装景观对空间往往能起到烘托、补充或诠释主题的作用，利用铺装图案强化意境，也是中国园林艺术的手法之一。这类铺装使用文字、图形、特殊符号等来传达空间主题，加深意境。

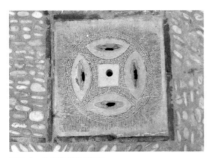

图5-1 井盖的美化处理

图5-2 井盖面与铺装面同材质

4）生态性设计

铺装的生态性设计越来越受到人们的重视。生态性设计表现在很多方面，比如，在铺装用材的选择上应该尽可能就地取材以减少在运输过程中的碳排放，用材选择上还应尽可能地符合3R原则（减量化、再利用、再循环三种原则英文首字母的简称），铺装结构层的处理应尽可能地考虑渗水以减少雨水进入市政排水系统等。

5.1.2 铺装面层材料与做法

居住小区铺装所使用的面层材料与做法有很多，以下只是对一些常见的类型加以介绍。

1）铺装面层材料

（1）混凝土整体路面。

混凝土整体路面包括两类，一类是水泥混凝土路面，另一类是沥青混凝土路面。

①水泥混凝土路面。

水泥混凝土路面一般为现浇方式，形成整体路面。由于该路面是刚性路面，因此每铺设一定距离，需要设置伸缩缝。水泥路面的面层处理有抹平、拉毛等多种方式。水泥路面较坚固，整体性好，耐压强度高，造价相对较低，在小区中多用于主干道。除了普通水泥路面外，在园林中采用彩色水泥进行路面铺设也逐渐流行起来。在面层处理上，近年来还出现了在初凝阶段的混凝土表面均匀撒布材料，用专业的图形模具压模成形的彩色水泥压花路面，取得了较好的铺装效果（图5-3）。

图5-3 水泥混凝土路面

②沥青混凝土路面。

一般用 60~100 毫米厚的泥结碎石层做基层，以 30~50 毫米厚的沥青混凝土做面层。根据沥青混凝土骨粒粒径的大小，有细粒式、中粒式和粗粒式沥青混凝土可供选用。这种路面属于黑色路面，平整度好，耐压、耐磨，手工和养护管理简单。除了普通沥青路面外，园林中还经常采用彩色沥青作为路面铺设。彩色沥青具有色彩鲜明、化学性质稳定等特性。目前具有红、绿、黄等几大色系，并可根据客户的要求进行色彩设计（图 5-4）。

图 5-4　沥青混凝土路面

（2）石板铺装地面

板材的大小有 600 毫米 ×600 毫米、600 毫米 ×300 毫米、300 毫米 ×300 毫米、400 毫米 ×400 毫米、400 毫米 ×200 毫米、300 毫米 ×150 毫米等不同的规格。厚度根据荷载不同也有不同规格，一般人行时，厚度 20~30 毫米即可，车行时，厚度达 40~60 毫米。花岗岩的常见面层处理方式如下（图5-5），园林中常见的用于地面铺装的板材有花岗岩、板岩、页岩、砂岩等（图 5-6~ 图 5-8）。

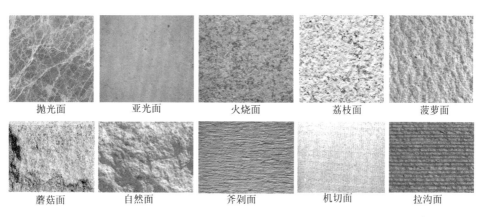

| 抛光面 | 亚光面 | 火烧面 | 荔枝面 | 菠萝面 |
| 蘑菇面 | 自然面 | 斧剁面 | 机切面 | 拉沟面 |

图 5-5　常见面层处理

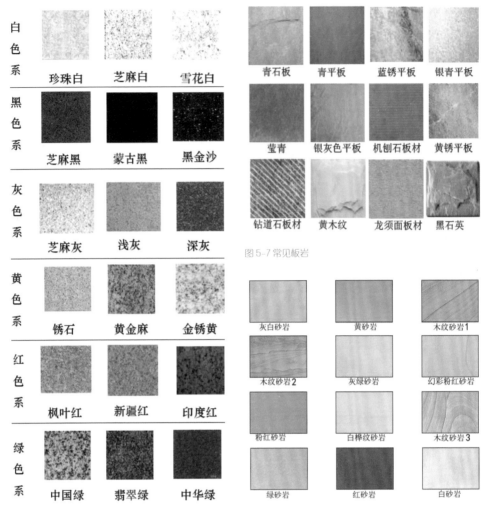

图 5-6 常见花岗岩

图 5-7 常见板岩

图 5-8 常见砂岩

①磨光面（抛光面）。是指表面平整，用树脂磨料等在表面形成抛光，使之具有镜面光泽的板材。一般石材光泽度可以做到 80~90GU，有些可达 100GU，但有些只能磨到亚光。

②亚光面。是指表面平整，用树脂磨料等在表面进行较少的磨光处理。其光泽度较磨光面低，一般在 30~60GU。有一定光泽度，无光污染。

③火烧面。用乙炔、氧气或丙烷、石油液化气等为燃料产生的高温火焰对石材表面加工而形成的粗饰面。火烧面的原理在于高温会烧掉石材表面的一些熔点低的杂质或成分，从而形成粗糙的饰面。要烧成火烧面的石材至少要有 20 毫米的厚度，以防止石材破裂。此法加工快，价格相对便宜，多用于外墙干挂。

④荔枝面。用形如荔枝皮的锤在石材表面敲击，表面上形成很多小洞，形成如荔枝皮的粗糙表面。荔枝面分为机切面和手工面两种，后者较前者细密，但费工费时。

⑤菠萝面。表面与荔枝面比更加凹凸不平，如菠萝表皮一般。

⑥蘑菇面。在石材表面用凿子和锤子敲击形成如起伏山形的板材。这种加工法需要石材至少 30 毫米厚，大量运用于围墙上。

⑦自然面。用锤子将一块石材从中间自然分裂开来，形成的表面效果与自然劈相似，极为粗犷。

⑧斧剁面。也叫龙眼面，用斧剁敲在石材表面，形成非常密集的条状纹理，像龙眼皮一样。

⑨机切面。用圆盘锯、砂锯或桥切机等设备切割石材，表面较粗糙，带有明显的机切纹路。

⑩拉沟面。也叫拉丝面，即在石材表面拉开一定深度和宽度的沟槽。

（3）砖铺地面。

常见的砖铺类型如下（图 5-9）。

图 5-9　各类砖铺地面

①青砖。青砖是黏土烧制的，主要规格有 60 毫米 ×240 毫米 ×100 毫米、75 毫米 ×300 毫米 ×120 毫米、100 毫米 ×400 毫米 ×120 毫米、240 毫米 ×115 毫米 ×53 毫米、400 毫米 ×400 毫米 ×50 毫米等。青砖铺装的效果较为素雅、沉稳、古朴、宁静，多用于中式园林风格。

②广场砖。广场砖属于耐磨砖的一种，主要用于广场、行道等范围大的地方。其砖体色彩简单，砖面体积小，有麻面、釉面等形式，具有防滑、耐磨、修补方便的特点。广场砖主要规格有 100 毫米 ×100 毫米、108 毫米 ×108 毫米等尺寸。主要颜色有白色、白色带黑点、黄色、灰色、浅蓝色、紫砂红、紫砂棕、紫砂黑、黑色、红棕色等。广场砖还配套有盲道砖和止步砖，

一般为黄色、灰色和黑色。

③植草砖。用于专门铺设在城市人行道路及停车场，具有植草孔，能够绿化路面及地面工程的砖和空心砌块等。其表面可以是有面层（料）的或无面层（料）的，本色的或彩色的。混凝土植草砖的草坪覆盖率可达 30%。按其孔形分为方孔、圆孔或其他孔形植草砖。

④面包砖。面包砖又称荷兰砖，透水性好，具有防滑、耐磨、修补方便的特点，目前在园林中广泛使用。面包砖可分为红色、黄色、黑色、酱色、蓝色、橙色等。较常见的规格有 200 毫米 ×100 毫米 ×60 毫米、150 毫米 ×150 毫米 ×60 毫米、230 毫米 ×230 毫米 ×60 毫米、200 毫米 ×100 毫米 ×80 毫米等。

⑤混凝土砖。园林中用于铺装的混凝土砖多为彩色方形，颜色有红色、黄色、绿色、白色、米色等，一般为亚光面并且有图案，也有的混凝土砖表面没有图案，常见的规格有 500 毫米 ×500 毫米、400 毫米 ×400 毫米、300 毫米 ×300 毫米等。

（4）其他铺装（图 5-10）。

①小料石。小料石是车道、广场、人行道等常用的路面铺装材料。由于所用的石料呈正方体的骰子状，因此又被称作方头弹石路面。铺筑材料一般采用白色花岗岩系列，此外还有意大利出产的棕色花岗岩小料石或大理石小料石。路面的断面结构可根据使用地点、路基状况而定。

②卵石。卵石是园林中最常用的一种路面面层材料。具体做法是在混凝土层上摊铺 20 毫米以上厚度的砂浆，然后平整嵌砌卵石，最后用刷子将水泥砂浆整平。卵石嵌砌路面主要用于园路。路面的铺筑厚度主要视卵石的粒径大小而异，其断面结构也会因使用场所、路基等不同而有所不同，但混凝土层的标准厚度一般为 100 毫米。

③水洗石子。浇筑预制混凝土后，待其固定到一定程度（24~48 小时）后，用刷子将表面刷光，再用水冲洗，直至砾石均匀露出。这是一种利用小砾石配色和混凝土光滑特性的路面铺装，除园路外，还一般多用于人工溪流、水池的底部铺装。利用不同粒径和品种的砾石，可铺成多种水洗石路面。该种路面的断面结构视使用场所、基地条件而异，一般混凝土层厚度为 100 毫米。

④防腐木。防腐木，是将木材经过特殊防腐处理后，具有防腐烂、防白蚁、防真菌的功效，专门用于户外环境的露天木地板，并且可以直接用于与水体、土壤接触的环境中，是户外木地板、园林景观地板、户外木平台、露台地板、户外木栈道及其他室外防腐木凉棚的首选材料。

⑤塑木。塑木，顾名思义，就是实木与塑料的结合体，它既保持了实木地板的亲和性感觉，又具有良好的防潮耐水、耐酸碱、抑真菌、抗静电、防虫蛀等性能。

⑥塑胶。以各种颜料橡胶颗粒或三元乙丙橡胶（EPDM）颗粒为面层，黑色橡胶颗粒为底层，使用黏着剂经过高温硫化热压所制成，具有高度吸震力及止滑效果，能减少从高处坠下而造成的伤害，为大人或小孩在运动时提供保护并使其感觉舒适。此种安全地垫，长久耐用、容易清洁，适合铺设于室内外的地面，适用于各种场地。

2）铺装做法

上述常见铺装的典型做法见表 5-1。

小料石铺装　　　　　　　　　　卵石铺装

水洗石子铺装　　　　　　　　　　防腐木铺装

塑木铺装　　　　　　　　　　塑胶铺装

图 5-10　其他铺装

表 5-1　常见铺装做法

铺装名称	人行	车行
混凝土路面	（1）60 毫米厚 C20 混凝土路面，振捣密实，随捣随抹，分格长度不超过 6 米，沥青砂嵌缝。 （2）150 毫米厚碎石或砖石，灌 M2.5 水泥砂浆。 （3）素土夯实	（1）120~220 毫米厚 C25 混凝土面层（分块捣制，振捣密实，随打随抹平，每块路面长不大于 6 米，沥青砂子或沥青处理松木条嵌缝）。 （2）20 厚卵石或碎石，灌 M2.5 水泥砂浆。 （3）路基碾压密实 >98%（环刀取样）

铺装名称	人行	车行
沥青路面	—	（1）50毫米厚沥青混凝土面层压实。 （2）60毫米厚碎石，碾压密实。 （3）200毫米厚碎石或碎砖，灌 M2.5 水泥砂浆。 （4）路基碾压密实 >98%（环刀取样）
石板路面	（1）20~30毫米厚石板，水泥砂浆勾缝。 （2）30毫米厚 1∶3 水泥砂浆结合层。 （3）100毫米厚 C15 混凝土垫层。 （4）100毫米厚碎石或碎砖，灌 M2.5 水泥砂浆。 （5）素土夯实	（1）50毫米厚石板，水泥砂浆勾缝。 （2）30毫米厚 1∶3 水泥砂浆结合层。 （3）120~220毫米厚 C25 混凝土。 （4）200毫米厚卵石或碎石，灌 M2.5 水泥砂浆。 （5）路基碾压密实 >98%（环刀取样）
广场砖路面	（1）8~10毫米厚广场砖，干水泥勾缝。 （2）撒素水泥面（洒适量清水）。 （3）20毫米厚 1∶2 干硬性水泥砂浆黏结层。 （4）刷素水泥砂浆一道。 （5）100毫米厚 C15 混凝土垫层。 （6）100毫米厚碎石或碎砖，灌 M2.5 水泥砂浆。 （7）素土夯实	（1）8~10毫米厚广场砖，干水泥勾缝。 （2）撒素水泥面（洒适量清水）。 （3）20毫米厚 1∶2 干硬性水泥砂浆黏结层。 （4）刷素水泥砂浆一道。 （5）120~220毫米厚 C25 混凝土垫层。 （6）200毫米厚碎石或碎砖，灌 M2.5 水泥砂浆。 （7）路基碾压密实 >98%（环刀取样）
青砖路面、面包砖路面、混凝土砖路面	（1）路面材料。 （2）30毫米厚 1∶3 水泥砂浆。 （3）100毫米厚 C15 混凝土。 （4）100毫米厚卵石或碎石，灌 M2.5 水泥砂浆。 （5）素土夯实	（1）路面材料。 （2）30毫米厚 1∶3 水泥砂浆。 （3）120~220厚 C25 混凝土。 （4）200毫米厚卵石或碎石，灌 M2.5 水泥砂浆。 （5）路基碾压密实 >98%（环刀取样）
小料石路面	（1）50毫米厚 100×100 石材。 （2）30厚 1∶3 水泥砂浆。 （3）100毫米厚 C15 混凝土层。 （4）100毫米厚碎石垫层。 （5）素土夯实	（1）50毫米厚 100×100 石材。 （2）30毫米厚 1∶3 水泥砂浆。 （3）120~220毫米厚 C25 混凝土。 （4）200毫米厚卵石或碎石，灌 M2.5 水泥砂浆。 （5）路基碾压密实 >98%（环刀取样）
卵石路面	（1）60毫米厚 C20 细石混凝土嵌砌卵石面层。 （2）20毫米厚粗砂垫层。 （3）150毫米厚碎石或碎砖，灌 M2.5 混合砂浆。 （4）素土夯实	—

铺装名称	人行	车行
水洗石路面	（1）10 毫米厚 1∶2 水泥石子粉面，水刷露出石子面。 （2）素水泥浆结合层一道。 （3）20 毫米厚 1∶3 水泥砂浆找平层。 （4）80 毫米厚 C15 混凝土。 （5）150 毫米厚卵石或碎石，灌 M2.5 水泥砂浆。 （6）素土夯实	—
防腐木路面、塑木路面	（1）20 毫米厚 120 宽防腐木或塑木，缝宽 10。 （2）50 毫米 ×50 毫米防腐木龙骨，中距 600。 （3）100 毫米厚 C15 混凝土。 （4）100 厚碎石或碎砖垫层。 （5）素土夯实	—
塑胶路面	（1）塑胶地面。 （2）30 毫米厚细沥青混凝土（最大骨粒粒径 15）。 （3）40 毫米厚粗沥青混凝土（最大骨粒粒径 15）。 （4）150 毫米厚天然砂石压实（大块骨粒占 60%）。 （5）素土夯实	—
植草砖地面	—	（1）60 毫米厚植草砖。 （2）30 毫米厚中砂层。 （3）150 毫米厚 C15 素混凝土。 （4）200 毫米厚碎石垫层。 （5）素土夯实

5.1.3　铺装纹样与平面组合

铺装是室外景观空间中与人们接触最直接、使用频率最高的底界面元素，铺装图式发挥着引导功能、艺术功能等一系列重要功能。

园林中常见的现代铺地图案有冰裂纹、人字式、席纹式、四方铺地纹样、套方铺地、彩色广场砖拼花纹、拉条混凝土方砖、预制混凝土、块料与软石镶嵌、花岗岩与彩石拼纹、异型砖地纹、石块嵌草纹等（图 5-11）。

彩色广场砖拼花　　　卵石冰裂纹　　　混凝土方砖　　　石块嵌草纹

图 5-11　铺地图案

在景观设计中使用铺装材料进行地面铺设时，应该遵循一系列的设计原则。在铺装材料的使用方面，必须权衡总体设计的目的，有选择地加以使用。如同使用任何其他设计因素一样，用在特定设计区段的铺装材料，应以确保整个设计的统一为原则，材料的过多变化或图案的烦琐复杂，易造成视觉的杂乱无章。但是在设计中，至少应有一种铺装材料占有主导地位，以便能与附属材料在视觉上形成对比并产生变化，以及暗示空间变化。这种占主导地位的材料，还可贯穿于整个设计的不同区域，以便建立统一性和多样性。

铺装材料的选择和图案的设计，应与其他设计要素的选择和组织同时进行，以便确保铺装地面无论是从视觉上，还是从功能上都能被统一于整个设计中，在设计中不对铺装材料及铺装形式进行选择是不符合要求的。为特殊空间所选择的铺装形式也应符合预想的用途，符合一定的强度，以及符合所需要的空间特性。对造价的考虑通常会对铺料的选择产生一些影响。实际上，没有一种铺装材料能适用于所有的功能和活动场所。不同的铺装地面具有不同的视觉特征。有些铺装地面较庄重，更适宜公共场所，而另一些铺装地面则更适宜私密空间或住宅区。总之，为某空间选取特定的铺料和铺装形式时，必须事先进行慎重的考虑和选择（图5-12~图5-16）。

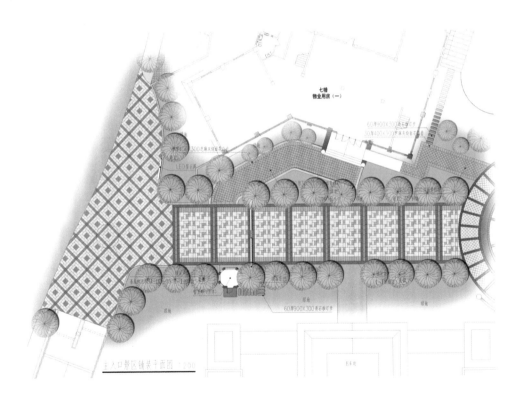

图5-12 铺装材料的组合设计一

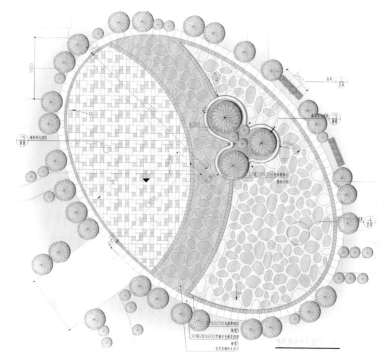

图 5-13　铺装材料的组合设计二

图 5-14　铺装材料的组合设计三

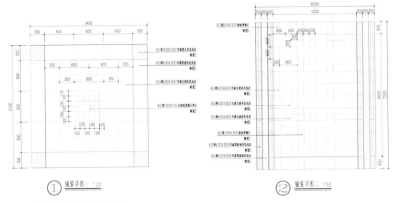

图 5-15 铺装材料的组合施工图

图 5-16 多种铺装材料的组合实景

5.2 台阶、坡道、道牙、边沟

5.2.1 台阶

台阶在景观设计中起着不同高程之间的连接和引导作用，通过台阶可以分隔、限定不同的景观空间，极大地丰富了空间的层次感（图5-17~图5-21）。

图 5-17 南京特殊教育学院宿舍区平面图

注：宿舍区建筑西侧梅园与竹园两个小花园通过台阶解决了建筑与西北侧道路之间3米多高差的连接问题，同时形成了不同层次的景观空间。

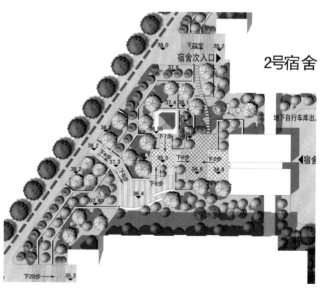

图 5-18 梅园平面

图 5-19 梅园鸟瞰

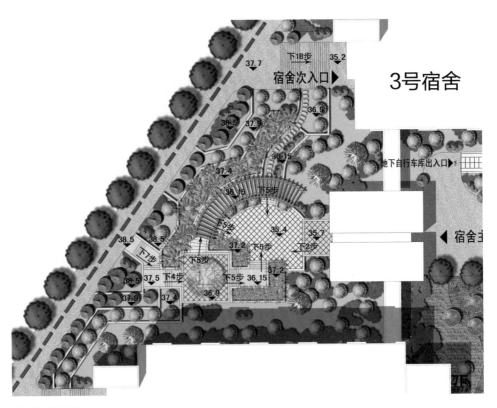

图 5-20 竹园平面

图 5-21 竹园鸟瞰

1）台阶的设计要点

（1）台阶不可设置少于 2 步，以免台阶不易被行人发觉而造成安全隐患。

（2）踢板高度（h）与踏板宽度（b）的关系如下：$60 \leqslant 2h + b \leqslant 65$（厘米）

例如，假设踏板宽度定为 30 厘米，则踢板高度为 15 厘米左右；若踏板宽度增至 40 厘米，则踢板高度降至 12 厘米左右。通常，踢板高在 13 厘米左右，踏板宽在 35 厘米左右的台阶，攀登起来较为容易、舒适。

（3）若踢板高度设在 10 厘米以下，行人上下台阶易磕绊，比较危险。因此，应当提高台阶上、下两端路面的排水坡度，调整地势，将踢板高度设在 10 厘米以上；也可以取消台阶，考虑做成坡道。

（4）如果台阶总高度超过 3 米，或是需要改变攀登方向，为了安全起见，应在中间设置一个休息平台。通常平台的深度为 1.5 米左右。

（5）踏板应设置 1% 左右的排水坡度。

（6）踏面应做防滑饰面，天然石台阶不要做防细磨饰面。

（7）落差大的台阶，为避免降雨时雨水自台阶上瀑布般跌落，应在台阶两端设置排水沟。

（8）为方便上、下台阶，在台阶两侧或中间设置扶栏。扶栏的标准高度为 80 厘米，一般在距台阶的起、终点约 30 厘米处要连续设置。

（9）台阶附近的照明应保证一定照度。

2）台阶的做法

台阶饰面材料常见的有石材、砖、防腐木等，石材台阶做法一般有整石台阶及石材贴面台阶两种（图 5-22~ 图 5-25）。

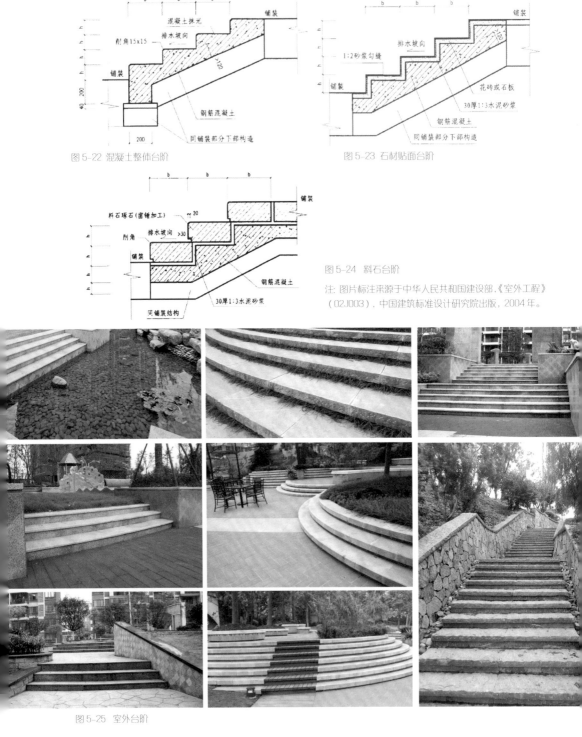

图 5-22 混凝土整体台阶

图 5-23 石材贴面台阶

图 5-24 料石台阶

注：图片标注来源于中华人民共和国建设部，《室外工程》
（02J003），中国建筑标准设计研究院出版，2004年。

图 5-25 室外台阶

5.2.2　坡道

在地面坡度较大时，本应设置踏步，但踏步不能通行车辆，又考虑到儿童、老年人和残疾人使用童车、轮椅，在可能的情况下，应尽力为他们的通行提供条件，这些地方均应设计成坡道。如坡道较陡、坡面易滑，这时可将主干道的中间做成坡道，而在两侧做成台阶。如果是次要道路，可将台阶的一侧做成坡道，使童车、轮椅等得以通行。

当坡面较陡时，为了防滑，可将坡面做成浅阶的坡道。这就是常说的礓磜。对于轮椅来说，其要求坡道的最小宽度为 1 米，坡道尽头应有 1.1 米的水平长度，以便回车，轮椅要求坡面的最大斜率为 1 ∶ 12，即约为 5 度。坡道的最长距离为 9 米（图 5-26）。

图 5-26　供童车、轮椅等通行的坡道

5.2.3　道牙

道牙是一种为确保行人及路面安全，进行交通引导，保持水土，保护植栽，以及区分路面铺装等而设置在车道与人行道分界处、路面与绿地分界处、不同铺装路面分界处等位置的构筑物。道牙的材质种类很多，有标明道路边缘类的预制混凝土道牙、砖道牙、石头道牙等。在形式上，有平道牙与立道牙两类（图 5-27、图 5-28）。

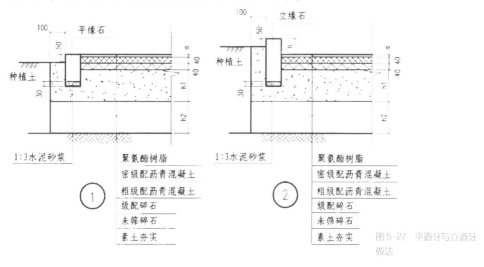

图 5-27　平道牙与立道牙做法

图 5-28　立道牙与平道牙实景

5.2.4　边沟

　　所谓的边沟，是一种设置在地面上用于排放雨水的排水沟。其形式多种多样，有铺设在道路上的 L 形边沟，步行道分界道牙砖铺筑的街渠，铺设在停车场内园路上的蝶形边沟，以及铺设在用地分界点、入口等场所的 L 形边沟（U 形沟）。此外，还有窄缝样的缝形边沟和与路面融为一体的加装饰的边沟等。边沟所使用的材料一般为混凝土，有时也采用嵌砌小砾石。U 形边沟沟箅的种类比较多，如混凝土制箅、镀锌格栅箅、铸铁格栅箅、不锈钢格子箅等（图 5-29~ 图 5-31 ）。

图 5-29　道路边沟

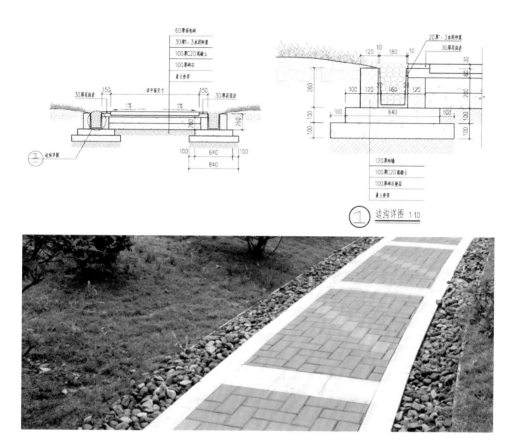

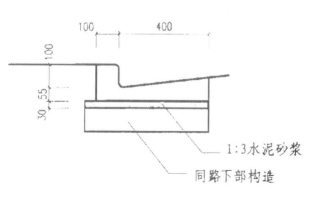

图5-30 卵石边沟做法与实景

图5-31 L形边沟做法与实景

5.3 | 水景

　　水是生态环境中最具动感、最活跃的因素，当代都市人具有强烈的"傍水而居、亲近自然"的水岸生活愿望。水的文化、景观、生态优势，使其成为现代居住区中不可替代的一部分。

5.3.1 水景的表现形式

　　水体在居住小区景观中的具体应用主要有以下几种表现形式。

　　1）按水的形式分

　　（1）自然式水体水景。

　　自然式水体水景包括溪、涧、河、池、潭、湖、涌泉、瀑布、跌水、壁泉。自然式水体是保持天然的或模仿天然形状的水体形式。

　　（2）规则式水体水景。

　　规则式水体水景包括水渠、运河、几何形水池、喷泉、瀑布、叠水、水阶梯、壁泉。规则式水体是人工开凿成的几何形状的水体形式。

　　（3）混合式水体水景，是规则与自然的综合运用。

　　2）按水的形态分

　　（1）静水：湖、池、沼、潭、井。

　　（2）动水：河、溪、渠、瀑布、喷泉、涌泉、水阶等。

　　静水给人以明洁、怡静、开朗、幽深或扑朔迷离的感受；动水给人以清新明快、变化多端、激动、兴奋的感觉，不仅给人以视觉美感，还能给人以听觉上的美妙享受。

　　3）按水的面积分

　　（1）大水面，可开展水上活动，以及种植水生植物。

　　（2）小水面，　纯观赏。

　　4）按水的开阔程度分

　　（1）开阔的水面。

　　（2）狭长的水体。

　　5）按水的使用功能分

　　（1）可开展水上活动的水体。

　　（2）纯观赏性的水体。

5.3.2 水景的细部设计

　　1）池壁与池底

　　小区内部水景多为人工水池造景，由于多数小区都有地库，因此很多水池是建在地库顶板上的。水池构造有刚性水池与柔性水池两种，出于防水要求，刚性水池多为钢筋混凝土构造，柔性水池多用防水毯或塑料布构造。根据相关规范的安全要求，无护栏的水池近岸 2 米内水深不可以超过 50~70 厘米。池壁形式一般为自然式与规则式（图 5-32~ 图 5-39）。

图 5-32　自然式池壁

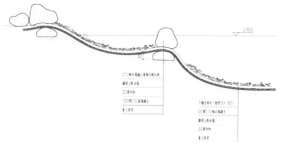

图 5-33　自然式池壁，柔性水池构造

图 5-34　规则式池壁

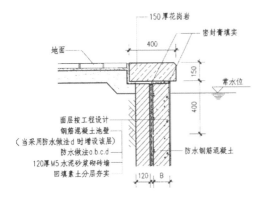

图 5-35 规则式池壁，刚性水池构造

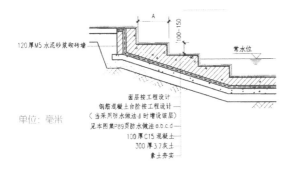

图 5-36 临水台阶池壁做法

图 5-37 临水台阶池壁

图 5-38 临水市平台

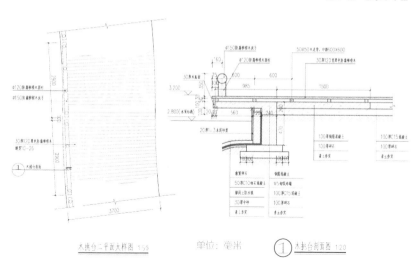

木挑台二平面大样图 1:50   单位:毫米   ① 木栈台剖面图 1:20

图 5-39 临水市平台做法

2)跌水与瀑布

　　跌水是沟底为阶梯形,呈瀑布跌落式的水流。流动的水突然近似垂直跌落则为瀑布。水流从上方沿台阶一级级跌落,溅起的水花与声音形成一幅音效并存的景观画面,具有极强的审美价值。因而,跌水常常设置在居住区的入口或者活动中心等人流聚集处,以形成强烈的视觉焦点。瀑布和跌水按其跌落形式分为滑落式、阶梯式、幕布式、丝带式等多种,按其组织方式又分为自然式与规则式两种。自然式瀑布多采用大自然石材或仿石材设置瀑布的背景并引导水的流向(如景石、分流石、承瀑石等),而规则式瀑布则通过利用切割整齐的石材等,以一定规律排布或呈阶梯状有序组织,水流沿其而下,活泼又具有韵律感和节奏感(图5-40、图5-41)。

图 5-40　规则式跌水

图 5-41　自然式跌水

　　3）人工喷泉

　　喷泉的运用可以形成引人注目的视觉焦点，调节环境的氛围，增加水体景观的观赏性。喷泉的造型繁多，常见的有雪松形、球形、蒲公英形、涌泉形、扇形、莲花形、牵牛花形、直流水柱形等（图 5-42）。喷泉景观的分类和适用场所见表 5-2。

| 雪松形 | 半球形 | 蒲公英形 | 涌泉形 |
| 扇形 | 莲花形 | 牵牛花形 | 直流水柱形 |

图 5-42　人工喷泉

表 5-2　喷泉景观的分类和适用场所

名称	主要特点	适用场所
壁泉	由墙壁、石壁或玻璃板上喷出，顺流而下形成水帘和多股水流	广场、居住区入口、景观墙、挡土墙、庭院
涌泉	水由下向上涌出，呈水柱状，高度 0.6~0.8 米，可独立设置也可组成图案	广场、居住区入口、庭院、假山、水池
间歇泉	模拟自然界的地质现象，每隔一定时间喷出水柱和汽柱	溪流、小径、泳池边、假山
旱地泉	将喷泉管和喷头下沉到地面以下，喷水时水流回落到广场硬质铺装上，沿地面坡度排出，平常可作为休闲广场	广场、居住区入口
跳泉	射流非常平滑稳定，可以准确落在受水孔中，在计算机控制下，生成可变化长度和跳跃时间的水流	庭院、园路边、休闲场所
跳球喷泉	射流呈平滑水流，水球大小和间歇时间可以控制	庭院、园路边、休闲场所
雾化喷泉	由多组微孔喷管组成，水流通过微孔喷出，看似雾状，多呈柱形和球形	庭院、广场、休闲场所
喷水泉	外观呈盆状，下有支柱，可以分多级，出水系统简单，多为独立设置	园路边、庭院、休闲场所
小品喷泉	从雕塑中的器具（罐、盆）和动物（鱼、龙）口中出水，形象生动有趣	广场、群雕、庭院
组合喷泉	具有一定规模，喷水形式多样，有层次、有气势、喷射高	广场、居住区入口

注：资料来源于《居住区环境景观设计导则（2006 版）》。

5.4 | 石景

5.4.1 选石

小区饰景石材种类较多，较常见的有湖石、黄石、石蛋、石笋、青石、黄蜡石等（图5-43）。小区景观中常用的石材种类大致分为如下几种。

| 湖石 | 黄石 | 石蛋（大卵石） |
| 青石 | 石笋 | 木化石 |

图5-43 常用石材

（1）湖石：主产于江浙一带，以洞庭西山消夏湾为最好。石多处于水涯或山坡表层，自然造化而成。"性坚而润，有嵌空、穿眼、宛转、险怪之势"。湖石线条浑圆流畅，洞穴透空灵巧，很适宜大型园林叠山及造山水景。

（2）黄石：是一种橙黄颜色的细砂岩，产地很多，以常熟虞山最为著名，苏州、常州、镇江等地皆有所产，该石形体棱角分明，肌理近乎垂直，雄浑沉实。与湖石相比，它平正大方，立体感强，块钝而棱锐，具有很强的光影效果。

（3）石蛋：产于海边、江边或旧河床地，为大卵石，有砂岩及各种质地，小区园林中运用比较广泛。

（4）青石：是一种青灰色的细砂岩，北京西郊洪山口等地均有所产。青石的表面不像黄石那样规整，不一定是相互垂直的纹理，也有交叉互织的斜纹。就形体而言多呈片状，故又称为青云片。北京圆明园"武陵春色"的桃花洞、北海的濠濮间和颐和园后湖某些局部都用这种青石为山，这种山石在北京运用较多。

（5）石笋：即外形修长如竹笋一类山石的总称，变质岩类。这类山石产地广，多发现于土中或山洞内，采出后直立地上，常做庭院中独立小景布置。

（6）其他石品：诸如木化石、松皮石、石珊瑚、黄蜡石等。木化石古老质朴，常用于特置或对置。松皮石是一种暗土红的石质中杂有石灰岩的交织细片。石灰石部分经长期溶蚀或人工处理以后脱落成空块洞，外观像松树皮斑驳一般。

5.4.2　山石的应用方式

山石主要有以下几种应用方式（图5-44）：

孤赏石　　　　　　　　露头石　　　　　　　　宅基石

假山水池　　　　　峰石　　　　　山石小品　　　　驳岸置石

图5-44　山石的应用方式

（1）孤赏石：形态极其独特优美，单独摆放，可直接安放在地面上或放在一个底座上。其摆放的位置可在入口处或庭院内一角，作为一件大自然艺术品欣赏。

（2）露头石：在平地或坡地散点或成组摆放，半掩半露，给人以自然形成的感觉。

（3）宅基石：围绕建筑物砌筑的山石，起烘托建筑之用，使建筑好似坐落在石台上一样。

（4）假山水池：池中叠起一座假山，池边也用山石围砌，给人以自然山水的感觉。

（5）峰石：独自成型的叠石假山，有峰有谷有沟壑。

（6）笋石或剑石小品：适合摆放在建筑一隅、走廊拐角处、漏窗后面等，三五块一组，再与绿竹搭配，更为雅致。

（7）泉、溪驳岸置石：高低、前后错落，形成曲折变幻的水系，与小径相交处可做汀步处理。

5.5 园林建筑

园林中的建筑，通常是指那些既能满足人们的使用功能又从属于整个环境的小型建筑，可供人们欣赏、停留，往往因为精巧的设计形态和适当的位置而成为环境的中心点。其表现形态很多，主要包括亭、廊、棚架、榭、膜结构等。合理利用园林建筑，会使整个景观环境生动起来，使居住于其中的人们获得最大的美感享受。

5.5.1 亭、膜结构

1）亭

亭是供人休息、遮阴、避雨的建筑，个别属于纪念性建筑和标志性建筑。亭的形式、尺寸、色彩、题材等应与所在居住区的景观相适应、协调。亭的高度宜在 2.4~3 米，宽度宜在 2.4~3.6 米（图 5-45、图 5-46）。

图 5-45 亭 1

图 5-46 亭 2

（1）亭的基本类型。

①按材料分，可分为木亭、竹亭、茅草亭、砖亭、石亭、钢筋混凝土亭、型钢结构玻璃亭及金属亭等。

②按平面形式分，可分为单体式，组合式，与廊、墙结合式等。

③按结构形式分，可分为钢筋混凝土结构、钢结构、木结构、钢木结构等。

（2）亭的基址及环境。亭的选址很灵活，根据其游憩造景的不同功能，在居住区绿地中，其主要的基址类型可分为以下几种。

①景观轴线上建亭。在居住区视线景观轴线的一边或两边，设置造型独特的景亭，可增强轴线景观的空间多样性，形成视觉焦点或兴趣中心。

②结合水体或山石植物建亭。不同的水体，比如溪涧、泉、瀑、湖、潭等，均可结合景亭造景，以营造亲水空间，增强艺术感染力；若结合山石植物造景，则可塑造山林野趣。

③结合广场、园路、休闲草坪建亭。为满足人们歇息停驻的需求，在人们活动较多的场所，比如广场、园路、休闲草坪等处，应合理设置休闲亭。

2）张拉膜

张拉膜结构由于其材料的特殊性，能塑造出轻巧多变、优雅飘逸的建筑形态。作为标志建筑，可应用于居住区的入口或广场上；作为遮阳庇护建筑，可应用于露天平台、水池区域。居住区内的膜结构设计应适应周围环境空间的要求，不宜做得过于夸张，位置选择上需避开消防通道。膜结构的悬索拉线埋点要隐蔽并远离人流活动区。必须重视膜结构的前景和背景设计。膜结构一般为银白反光色，鲜明醒目，因此要以蓝天，较高的绿树，或颜色偏冷、偏暖的建筑物作为背景，以形成较强烈的对比（图 5-47）。

图 5-47　张拉膜

5.5.2 廊、构架

1）廊

廊具有引导人流、引导视线、连接景观节点和供人休息的功能，其造型和长度也形成了具有韵律感的连续景观效果。廊与景墙、花墙相结合，增加了观赏价值和文化内涵。廊的宽度和高度的设定应按人的尺度比例关系加以控制，避免过宽、过高，一般高度宜在2~2.5米之间，宽度宜在1.8~2.5米之间。居住区内建筑与建筑之间的连廊尺度必须与主体建筑相适应。廊大都是有顶盖的，柱廊则无顶盖，有的在柱头上加设装饰构架，靠柱子的排列产生效果，这是一个既有开放性，又有限定性的空间，能增加环境景观的层次感。柱间距较大，纵列间距以4~6米为宜，横列间距以6~8米为宜。柱廊多用于广场、居住区主入口处（图5-48）。

图5-48 廊

（1）廊的基本类型。

①按形式可分为五种：双面空廊、单面空廊、复廊、双层廊和单支柱式廊。

②按廊与地形、环境的关系可分为：直廊、曲廊、围廊、抄手廊、爬山廊、跌落廊、水廊、桥廊、堤廊等。

③按廊的结构可分为：木结构、砖石结构、钢筋混凝土结构、竹结构、钢结构等。廊顶有坡顶、平顶和拱顶等。

（2）廊的选址及环境。

在居住区景观环境中，廊的主要基址类型可分为以下几种。

①建筑出入口：廊由于其造型的自由与丰富，常常作为建筑和建筑内外空间的连接通道。廊的外形及构造应与建筑保持风格上的统一。

②广场、道路等活动场地：廊在满足人们休憩、观景需求的同时也可划分空间。在人流活动较多的场所合理设置不但能满足游人休憩的需求，还可增强空间的层次感。

③主要景观空间：廊还可结合亭、墙、水体、植物、雕塑等建筑小品，营造多姿多彩的景观空间。

2）构架

构架有分隔空间、连接景点、引导视线的作用。构架顶部由植物覆盖而产生庇护作用，减少太阳对人的热辐射。有遮雨功能的棚架，可局部采用玻璃和透光塑料覆盖。适用于构架的植物多为藤本植物。构架形式可分为门式、悬臂式和组合式。棚架高宜为2~2.5米，宽宜为2.5~4米，长度宜为5~10米，立柱间距宜为2.4~2.7米。构架下可设置供休息用的椅凳（图5-49）。

图 5-49　构架

5.6 | 构筑物

5.6.1　围墙与围栏

围墙与围栏是小区的边界，起到了分隔小区内外空间的作用。城市道路边的围墙与围栏既是小区的标志，同时也美化了城市景观界面。围墙有很多种，比较常见的有混凝土围墙、预制混凝土砌块围墙、砖墙、花砖铺面墙、石面墙、石砌墙等，小区景观设计中可以根据具体情况灵活运用。围栏、栅栏一般是为防止人或动物随意出入而起安全保护作用的构造，具有限入、防护、分界等多种功能，立面构造多为栅状和网状、透空和半透空等几种形式。围栏一般采用铁制、钢制、木制、铝合金制、竹制等。通常，围栏、栅栏的高度以限制人进出为准，一般高度为1.8~2.6米；隔离动物者高度为0.4~1.2米，栅栏竖杆的间距不应大于110毫米（图5-50）。

图 5-50　围墙与围栏

5.6.2　景墙

　　景墙在小区景观中具有分隔空间、引导及遮挡视线、障景、框景以及装饰美化的作用。其选址较为灵活，在居住区的入口、中心和边缘等位置都可以设置（图 5-51）。

图 5-51　景墙

　　1）入口处设置

　　入口处的景墙可起到划分居住区内外空间环境的功能，并可结合入口大门成为标志性景观。景墙在入口处设置时，应注意其形态、材料、色彩与居住区本身的建筑特色和周边环境相协调。

2）广场中设置

广场中的景墙可起到点景和引导人流的作用。景墙可以分段或者连续设置，也可以成组设置。设计应充分利用景墙的材料和色彩的丰富性，将其作为活跃空间的重要元素；同时结合周边的植物、山石、水体、雕塑等景观小品和自然界的光、声等元素形成富有个性和活力的景观空间，营造出观赏性和趣味性兼具的景观效果。

3）道路边设置

道路边设置景墙，可以打破道路过于笔直带来的生硬呆板的感觉。高低错落或成组设置的景墙，可以增加空间的层次感及其观赏性。结合景墙可以设置休息座椅，满足行走疲劳时的休憩功能。

5.6.3　挡土墙

挡土墙是指支承路基或山坡土体、防止填土或土体变形失稳的构造物。在挡土墙横断面中，与被支承土体直接接触的部位称为墙背，与墙背相对的、临空的部位称为墙面，与地基直接接触的部位称为基底，与基底相对的、墙的顶面称为墙顶，基底的前端称为墙趾，基底的后端称为墙踵。

根据挡土墙设置位置的不同，分为路肩墙、路堤墙、路堑墙和山坡墙等。墙顶位于路肩的挡土墙称为路肩墙；设置在路堤边坡的挡土墙称为路堤墙；设置在路堑边坡的挡土墙称为路堑墙；设置在山坡上，支承山坡上可能坍塌的覆盖层土体或破碎岩层的挡土墙称为山坡墙。真正意义上的挡土墙一般出现在临山的别墅庭院中，如果有设计要求，在小型庭院中也可以将挡土墙做成装饰构造。

挡土墙的形式根据建设用地的实际情况经过结构设计确定。从结构形式分主要有重力式、半重力式、悬臂式和扶壁式挡土墙；从形态上又可分为直墙式和坡面式。

挡土墙的外观质感由用材确定，直接影响到挡土墙的景观效果。毛石和条石砌筑的挡土墙要注重砌缝的交错排列方式和宽度；预制混凝土预制块挡土墙应设计出图案效果；嵌草皮的坡面上需铺上一定厚度的种植土，并加入改善土壤保温性的材料，有利于草根系的生长。

挡土墙必须设置排水孔，一般间隔3米设一个直径为75毫米的硬聚氯乙烯管口排水，墙内宜铺设渗水管，防止墙体内存水。钢筋混凝土挡土墙必须设伸缩缝，配筋墙体每30米设一道无筋墙体。

挡土墙除必须满足工程特性要求外，还应该突出其"美化空间"的外在形式，通过必要的设计手法，打破挡土墙界面僵化、生硬的表情，巧妙地安排界面形态，利用环境中各种有利条件，挖掘其内在之美，设计建造出满足功能、与环境协调、有意味的墙体形式（图5-52）。

图 5-52　挡土墙

5.6.4 雕塑小品

雕塑小品更多地具有精神上的作用，对控制环境秩序、强化景观形象、增强可识别性都有十分重要的意义。雕塑从大的群雕到小的石作题材范围很广，但都应具备形式美和内涵美两大特征，以其特有的艺术魅力与人们保持内在的情感沟通。雕塑作品从创意的开始就是一种情感的宣泄，从作品中反映出人们在文化、心理和情感上的追求，雕塑艺术是环境景观设计中"借景抒情"的最佳选择（图5-53）。

图5-53 雕塑小品

雕塑首先要注重体量感、力度感和动感的创造，要成为富有生机、活力、希望的象征。雕塑的材料多种多样，可以是黏土、金属、石材、木材等。雕塑的表现形式千姿百态，有具象、抽象、立雕、平雕，手法夸张，造型简洁生动。各类雕塑在居住环境中广泛存在，为居民生活平添了无穷乐趣。雕塑的背景设置也各有千秋，有单独的基座，有独立的挡墙，有的结合入口、广场，有的结合水池、花坛，有的点缀在绿地、草坪之中。居住环境雕塑体量应适中，不宜太大，让人有亲切感。稍大的雕塑应布置在宽阔的空间中，让人有足够的欣赏距离，避免空间的紧张闭塞。小的雕塑可以布置在小型的空间中。雕塑景观的创造需要景观建筑师与雕塑家密切合作，共同完成。

5.6.5　栏杆、扶手

栏杆、扶手具有拦阻功能，也是分隔空间的一种重要构件，设计时应结合不同的使用场所。首先要充分考虑栏杆的强度、稳定性和耐久性；其次要考虑栏杆的造型美，突出其功能性和装饰性。其常用材料有铸铁、铝合金、不锈钢、木材、竹子、混凝土等（图 5-54）。

图 5-54　栏杆

栏杆大致分为以下三种。

（1）矮栏杆：高度为 30~40 厘米，不妨碍视线，多用于绿地边缘，也用于场地空间领域的划分。

（2）高栏杆：高度在 90 厘米左右，有较强的分隔与拦阻作用。

（3）防护栏杆：高度在 100~120 厘米，超过人的重心，起到防护作用，一般设置在高台的边缘，可使人产生安全感。

扶手一般设置在坡道、台阶两侧，高度为 90 厘米左右，室外踏步级数超过了三级时必须设置扶手，以方便老人和残疾人使用。供轮椅使用的坡道应设高度为 65~85 厘米的两道扶手。

5.6.6　种植容器

1）花盆（图 5-55）

花盆的制作材料多种多样，如玻璃纤维增强塑料（FRP）、玻璃纤维增强混凝土（GRC）、混凝土、仿石混凝土、素陶、瓷器、砖材、大理石、花岗岩、木材、不锈钢、铸铁等。无论是尺寸、色彩还是造型上，花盆的形体和材质都

图 5-55　花盆

很丰富。花盆用材应具有一定的吸水保温能力，不易引起盆内过热和干燥。花盆可独立摆放，也可成套摆放，采用模数化设计的花盆还能够使单体组合成整体，形成大花坛。

花盆用栽培土壤应尽可能选择保湿性、渗水性、蓄肥性皆优且加入过改善材料的土壤，或者选择浇灌、护理简单。易搬运的人工轻量土壤（复合土壤）。种植花草使用复合土壤，花草会更健康耐活。

2）花坛（图5-56）

花坛是指在绿地中利用花卉布置出精细、美观的绿化景观。花坛植物材料宜采用1～2年生花卉、部分球根花卉和其他温室育苗的草本花卉类。花坛布置应选用花期、花色、株型、株高整齐一致的花卉，配置协调。花坛应具有规则、群体、讲究图案效果的特点。花坛在庭院、居住区绿地中广为存在，常常成为局部空间环境的构图中心和焦点，对活跃小区空间环境、

图5-56　花坛

点缀环境绿化景观起着十分重要的作用。

（1）花坛的形式。

花坛在布局上，一般设在道路的交叉口、公共建筑的正前方、住宅庭院的入口处，即观赏者视线交汇处，构成视觉中心。

①独立花坛：以单一的平面几何轮廓做局部构图主体，在造型上具有相对独立性，如圆形、方形、长方形、六角形等常见形式。

②组合花坛：由两个以上的个体花坛，在平面上组成一个不可分割的构图整体，或称花坛群。组合花坛的构图中心，可以采用独立花坛，也可以是水池、喷泉、雕像或纪念碑、亭等。组合花坛内的铺装场地和道路，允许游人入内活动，大规模的组合花坛的铺装场地上，有时可以设置座椅，附建花架，供游人休息，也可以利用花坛边缘设置隐形坐凳。

③立体花坛：是指由两个以上的个体花坛经叠加、错位等在立面上形成具有高低变化、协调统一的外观造型花坛。

④异形花坛：在庭院中常将花坛做成树桩、花篮等形式，造型独特，不同于常规者。

（2）花坛的装饰。

花坛表面装饰可分为贴面装饰、砌体材料装饰和装饰抹灰三大类。

①贴面装饰：是指将块料面层镶贴到基层上的一种装饰方法。常用材料有饰面砖、天然饰面板和人造石面板灯。

②砌体材料装饰：通过选择砖、石块、卵石等材料的颜色、质感，砌块的组合变化，砌块之间勾缝的变化，形成美的外观。石材表面加工可以通过打钻、扁光、钉马钉等方式达到不同的装饰效果。

③装饰抹灰：根据使用材料、施工方法和装饰效果的不同，分为水刷石、水磨石、斩假石、干黏石、喷砂、喷涂、彩色抹灰等。装饰抹灰面层的厚度、颜色、图案均应按设计图纸要求来实施。装饰抹灰面层施工完成后，不能随意开凿和修补，以免破坏装饰的完整性。

（3）花坛的养护。

要根据天气情况，保证水分供应，宜清晨浇水，浇水时应防止将泥土冲到茎、叶上，做好排水措施，避免雨季积水。花卉生长旺盛期应适当追肥，施肥量根据花卉种类而定。施肥后宜立即喷洒清水，肥料不宜喷洒到茎、叶面上。花坛保护设施应经常保持清洁完好，及时做好病虫害防治工作。花坛换花期间，每年必须进行一次以上土壤改良和土壤消毒。

3）树池、树池箅（图 5-57）

图 5-57　树池

（1）树池是树木移植时根球（根钵）所需的空间，一般由树高、树径、根系的大小所决定。树池深度至少深于树根球以下 250 毫米。

（2）树池箅是树木根部的保护装置，它既可以保护树木根部免受践踏，又便于雨水的渗透和保证步行人的安全。树池箅应该选择能渗水的石材、卵石、砾石等天然材料，也可选择具有图案拼装的人工预制材料，如铸铁、混凝土、塑料等。

5.6.7 园桥

桥在自然水景和人工水景中都起着不可或缺的景观作用，其功能主要有：形成交通跨越点；横向分割河流和水面空间；形成地区标志物和视线集合点；成为眺望河流和水面的良好观景场所。

（1）景观桥：分为钢制桥、混凝土桥、拱桥、原木桥、锯材木桥、仿木桥、吊桥等，居住区一般以木桥、仿木桥和石桥为主，体量不宜过大，应追求自然简洁（图5-58）。

图5-58 景观桥

（2）池上架桥：通常位于水面较窄之处，以梁板式石桥最为常见。这种石桥的形式，除配合江南园林的风格而多采用水平线条外，还应考虑桥身与水面的关系，其高低视地面大小而定。如果池水开阔而桥身空透，能使水面空间互相贯通，达到似分非分、增加层次、产生倒影的效果。小水池中桥面贴水而过，取"凌波微步"的含义（图5-59）。

图5-59 平板小桥

5.6.8　模拟化景观

模拟化景观是现代造园手法的重要组成部分,它是以替代材料模仿真实材料,以人工造景模仿自然景观,以凝固模仿流动,是对自然景观的提炼和补充,运用得当会超越自然景观的局限,达到特有的景观效果。在居住区景观设计中,模拟化景观除了模拟动植物配景之外,主要就是指对假山的营造。

1)人造山石(图 5-60)

图 5-60　人造山石

近年来,随着城市园林化的快速发展,园林叠山造景材料的需求量增加很快,而自然界中可用的材料是有限的,现已新开发出的叠山材料,如混凝土景石,硅制作的人造石,用煤矸石在车间生产的形形色色的铸石等,都已得到广泛的应用。

人工塑山也是近年来新开发出来的一种庭院山石技术,它充分利用混凝土、玻璃钢、有机树脂等现代材料,以雕塑艺术的手法来仿造自然山石。塑山工艺是在继承和发扬我国庭园的山石景艺术和灰塑传统工艺的基础上发展起来的,具有与真石掇山、置石同样的功能,因而在现代庭院布景中得到广泛使用。

人工塑山可以根据庭院装修业主的意愿塑造出比较理想的艺术形象以及雄伟、磅礴而富有力感的山石,特别是能塑造难以采运和堆叠的巨型奇石。塑山造型能与现代建筑相协调,随地势、建筑而塑山。用塑山技法来表现黄蜡石、英石、太湖石等不同石材所具有的风格,可以在非产石地区布置山景,可以利用价格较低的材料,如砖、砂、水泥等,获得较高的山景艺术效果。塑山施工灵活、方便,不受地形、地物限制,在重量很大的巨型山石不宜进入的地方,如室内花园、屋顶花园等，仍然可以塑造出壳体结构重量较轻的巨型山石。利用这一特点可以掩饰、伪装庭院环境中有碍景观的建筑物、构筑物。最后可以根据意愿预留位置栽种植物，进行绿化。当然，由于塑山所用的材料毕竟不是自然山石，因而还是不及石质假山有神韵，同时使用期限较短，需要经常维护。

2）枯山水（图5-61）

枯山水是一种用石英砂、鹅卵石、块石等营造类似溪水的形象，模拟水形的模拟化景观，细沙与沙池中的石头配合可以使人联想出"一叶孤舟""蓬莱仙岛""中流砥柱"等许多辅助禅宗修行者冥想的空间。在日本被称作"枯山水"。

图5-61 枯山水

3）其他模拟化景观

现代材料的研发和新工艺的出现，给模拟化景观的设计和制作提供了广阔天地，从各种动、植物到沙漠、海滩，可以说，人们能想到的任何景观形式，都可以制作出来，等待我们去发现。

5.6.9 小区配套构筑物景观处理

地库是建筑物中处于地面以下的空间。多数小区都设有地库，甚至很多小区景观的大部分都是建设在地库覆土层上的。地库口包括地库人行与车行出入口、采光井与通风井等，除了地库口，小区中的配电箱柜、垃圾站等构筑物也是必不可少的，在景观设计中需要做美化装饰或植物视线遮挡处理（图5-62~图5-67）。

图5-62 地库人行入口

图5-63 地库车行入口

图 5-64　配电箱

图 5-65　采光井 1

图 5-66　采光井 2

图 5-67　采光井 3

5.7 ｜配套设施

5.7.1　座椅

　　居住区座椅的种类很多，有单人坐凳、2~3 人用普通长凳、多人用坐凳、凭靠式座椅。从设置方式上划分，除普通平置式、嵌砌式外，还有固定在花坛绿地挡土墙上的座椅，绿地挡土墙兼用座椅，以及设置在树木周围兼做树木保护设施的围树椅等形式。座椅的制作材料非常丰富，除木材、石材、混凝土、各类仿石头材料、铸铁、钢材、铁材、铁管、陶瓷、FRP 等外，还有木材与混凝土、木材与铸铁等混合材料（图 5-68）。

图 5-68　座椅

座椅的设计要点如下所述。

（1）普通座椅的尺寸为：座面高38~40厘米，座面宽40~45厘米，标准长度为，单人椅60厘米左右，双人椅120厘米左右，三人椅180厘米左右。靠背座椅的靠背倾角为100~110度。

（2）结构设计要坚固。座板应设两块以上，板厚3厘米以上，座板间缝隙在2厘米以下。应结合环境来设计座椅的色彩、造型及配置，而且应将座椅设置在无碍人流交通的水平位置。

5.7.2 垃圾箱

在人流汇集的居住区广场、道路边等位置需要放置垃圾箱，在景观设计中，应对垃圾箱的摆放位置及形式风格进行统一考虑（图5-69）。

图5-69 垃圾箱

5.7.3 标志（标识牌）

一般多数标志的设置是以提供简明信息、街道方位、名称等内容为主要目的的。根据地区和用地的总体建设规划，决定其形式、色彩、风格、配置，制作出美观、功能兼备的标志，与环境相融合（图5-70）。

图5-70 指示牌

5.8 照明

5.8.1 照明类型

（1）按用途分，居住区的照明方式主要有明视照明及饰景照明两大类。前者是以满足居住区环境照明基本要求为主的安全性照明；后者则是从景观角度出发，创造与白天完全不同的夜景装饰性照明。

（2）按适用场所分，可分为车行照明、人行照明、场地照明、装饰照明、安全照明、特写照明六大类（表5-3）。

（3）按照明区域和方式分，可分为高位照明、低位照明、地脚照明、集中区域照明、漫射光照明、投光照明等。

表 5-3　照明分类及适用场所

照明分类	适用场所	参考照度/勒克斯	安装高度/米	注意事项
车行照明	居住区主次道路	10 ~ 20	4.6 ~ 6.0	①灯具应选用带遮光罩向下照明。②避免强光直射到住户屋内。③光线投射在路面上要均衡
	自行车、汽车场	10 ~ 30	2.5 ~ 4.0	
人行照明	步行台阶、小径	10 ~ 20	0.6 ~ 1.2	①避免眩光,采用较低处照明。②光线宜柔和
	园路、草坪	10 ~ 50	0.3 ~ 1.2	
场地照明	运动场	100 ~ 200	4.0 ~ 6.0	①多采用向下照明方式。②灯具的选择应有艺术性
	休闲广场	50 ~ 100	2.5 ~ 4.0	
	广场	150 ~ 300		
装饰照明	水下照明	150 ~ 400		①水下照明应防水、防漏电,参与性较强的水池和泳池使用 12 V 安全电压。②应禁用或少用霓虹灯和广告灯箱
	树木绿化	150 ~ 300		
	花坛、围墙	30 ~ 50		
	标志、门灯	200 ~ 300		
安全照明	交通出入口（单元门）	50 ~ 70		①灯具应设在醒目位置。②为了方便疏散,应急灯设在侧壁为好
	疏散口	50 ~ 70		
特写照明	浮雕	100 ~ 200		①采用侧光、投光和泛光等多种形式。②灯光色彩不宜太多。③泛光不应直接射入室内
	雕塑、小品	150 ~ 500		
	建筑立面	150 ~ 200		

注：本表来源于《居住区环境景观设计导则（2006 版）》。

5.8.2　灯具类型

居住区室外照明常用的灯具类型有：步行灯、道路灯、草坪灯、庭院灯、地埋灯、投光灯、广场灯、水池灯、门灯、地嵌式灯、光纤灯等（图 5-71）。

（1）道路灯主要是满足街道照明的需要,设计不仅要反映小区的特色,而且还要考虑造型,尤其在节假日,为了烘托气氛,常在灯杆、灯头悬挂装饰性物件,如灯笼、串灯、彩灯等。

（2）庭院灯用在居住庭院、公园、街头绿地等场所中,灯具功率不需很大,以创造幽静舒适的空间氛围,但造型上力求美观新颖,风格与周围建筑物、构筑物、景观小品相协调。

（3）草坪灯相对比较低矮,造型多样,放置在广场周边或草坪边缘作为装饰照明,创造夜间景色的气氛。草坪灯应该尽量避免眩光的产生,并避免产生均匀平淡的光照感。

道路灯　　　　　草坪灯　　　　　　　庭院灯　　　　　　地埋灯

投光灯　　　　　水池灯　　　　　　　门灯　　　　　　　壁灯

图5-71 灯具

（4）地埋式灯高度比草坪灯更矮，安装在广场、人行道及车辆通道、广场绿化带、水池喷泉等地平面中，主要起引导视线和提醒注意的作用。这种灯具一般为密封式设计，要求防水、防尘，避免水分、灰尘在灯具内部凝结。

（5）水池灯为了体现特殊的水景效果，多安装在喷泉、水池、泳池、瀑布、河道的水面下，要求具有防水功能。

（6）投光灯为大面积照明灯具，常用于广场雕塑、建筑立面、绿化植物的照明。一般使用金属卤化物灯或高压钠灯作为光源，是夜间景观照明中最常用的灯具。

（7）光纤照明是一种新型的照明技术，可以使光柔性传输，安全可靠，在居住区中正在被广泛地应用。在广场铺地中，用尾端发光光纤可以绘制各种图案，或模拟夜空的点点繁星；在水中可以用光纤勾勒水池或河岸的轮廓线。

根据灯高的不同还可分为杆式道路灯、柱式庭院灯、短柱式草坪灯等。

杆式道路灯一般高度在5~8米，伸臂长可为1~2米，一般仰角小于15度，多用于有机动车行驶的道路上，是道路上采用的主要照明灯具。光源多采用高压钠灯或高压汞灯，因为这类光源的光效高、使用期长、照明效果好，非常适宜这种需要足够照度的道路。

柱式庭院灯主要用于居住区广场、休闲步道、绿化带和一些装饰性照明场所，灯高一般在3~4米，可根据不同的周边环境选用与之相协调的灯具。柱式庭院灯要求光色接近日光，多采用白炽灯和金属卤化物灯，前者光效低，使用期短，后者光效高，使用期长，但造价较高。

短柱式草坪灯主要用于小型开放空间或草地，由于灯具矮小，较易受到破坏，应尽可能选用质地坚硬的材料，玻璃灯罩不宜使用。短柱式草坪灯的灯高多为0.6~1米，一般采用白炽灯或是紧凑型暖色节能荧光灯，发出的光柔和而温馨。

依照照明场合和灯具种类的不同，杆式路灯间距也有所不同，一般为10~20米，短柱式草坪灯的间距可根据环境的不同适当缩小。

另外，灯具还有中式、欧式、日式、现代等不同的风格，这些灯饰也各有特色，可同环境一起营造出不同的景观效果。

5.9 | 植物

5.9.1 植物造景的功能与作用

1）提供小区居民接触自然的机会

居住区环境是与人类居住生活行为密切相关的物质实体和社会状况，人们需要一个在工作之余能充分得到休息和放松的居住环境，植物景观的营造为居住区居民提供了安全、自然、舒适、宁静的环境氛围，使得居民有机会接触大自然，欣赏门前的一抹绿色，享受飘荡的花香，满足居民的行为和心理需求。

2）生态功能

居住区植物通过蒸腾作用向外环境散发水分，同时大量地从环境中吸收热量，降低了环境空气的温度，增加了空气的湿度，调节了居住区的环境。同时居住区植物种植还可以达到吸滞尘埃、减少空气含尘量、杀菌和减少噪声的作用。

3）造景功能

居住区的景观环境需要绿色植物的平衡和调节。树木的高低、树冠的大小、树形的姿态和色彩的四季变换，使没有生命的住宅建筑富有浓厚、亲切的生活气息，使居住环境具有丰富的变化。因此，植物的自然美、生态美成为居住区环境的绿色主调，植物景观成为居住区环境景观的重要组成部分。

4) 塑造功能空间

植物的造景可以通过对功能空间的塑造来实现。种植高大的乔木，配合灌木与地被可以围合空间；绿篱等的设置可作为分割空间塑造环境景观的手法；小区道路行道树的行列种植可以引导视线。

植被对于空间的进一步划分可以在空间的各个面上进行。在平面上，植被可以作为地面材质与铺装相结合暗示空间的划分；在垂直空间上，枝叶较密的植被将空间围合得较为私密，而树冠庞大的遮阴树又从空间顶面将空间进行了进一步的划分。在一般的景观设计当中，很少完全利用植被来塑造空间，较多情况下是利用建筑和植被相组合来塑造空间。建筑作为硬性材料暗示和限定空间的存在，而植被的作用在于优化和点缀这些空间。

5.9.2 植物景观设计原则

1）符合绿地的性质和功能要求

居住区园林植物种植设计，首先要从居住区绿地的主要性质和功能出发。不同功能性质的绿地，其种植设计也不相同。具体到某一块绿地，总有其具体的主要功能。如居住区中心景观，从其多种功能出发，有集体活动的广场或大草坪，有遮阳的乔木，有安静休息需要的密林等。又如宅间绿地，其主要功能是美化环境，营造良好的植物景观效果，规格较大的树木应避免过于接近建筑窗户。

2）利用和保护原有树种

在设计时应首先考察基地情况，尽量尊重当地原生态面貌，对树木进行保护和利用，这样既节约了景观成本，又使当地树木得到保护，可谓一举多得。在对原有地形中的树木进行利用和设计时，不仅要考虑绿化等功能性方面的因素，还要考虑其视觉形式方面和精神文化方面的特性。

3）选择适合的植物种类，满足植物生态要求

居住区园林植物种植设计中对于植物的选择，一方面要满足植物的生态要求，使植物正常生长，即因地制宜，适地适树；另一方面就是为植物正常生长创造适合的生态条件。不同功能的绿地对植物的要求各不相同。如中心景观处，选择生长能力较强、抗逆性较好的树种，而宅间景观绿地面积较大，可以构建相对稳定的植物群落，满足生态要求。

4）要有合理的搭配和种植密度

居住区园林植物种植设计中种植的密度是否合适，直接影响绿化功能、美化效果。种植过密会影响植物的通风采光，植物的营养面积不足，造成植物病虫害的发生及植株的矮小、生长不良的后果，可能产生不好的景观效果。种植设计时，应根据植物的成年冠幅来决定种植距离。若要取得短期绿化效果，种植距离可近些。树种搭配应根据不同的目的和具体条件考虑常绿树种与落叶树种、乔木与灌木、观叶与观花树种、花卉、草坪、地被等植物之间的比例合理配置。

5）考虑园林艺术的需要

（1）总体艺术布局上要协调。

园林布局的形式有规则式、自然式之分。居住区在植物种植设计时要注意种植形式应与绿地的布局形式相协调。规则式园林植物种植多用对植、列植的形式。自然式园林植物种植多采用不对称的种植形式，充分表现植物材料的自然姿态。

（2）考虑四季景色的变化。

为了突出景区或景点的季相特色，植物造景要综合考虑时间、环境、植物种类及其生态条件的不同。在植物种植设计时可分区、分级配置，使每个分区或地段突出一个季节的植物景观主题，同时，应点缀其他季节的植物，避免单调的感觉，在统一中求变化。要注意在游人集中的重点地段造景，使四季皆有景可赏。

（3）全面考虑植物在观形、赏色、闻味、听声上的效果。

在植物种植设计时应根据园林植物本身具有的特点，全面考虑各种观赏效果，合理配置。植物的可观赏性是多方面的，有"形"，包括树形、叶形、花形、果形等；有"色"，包括花色、叶色、果色、枝干颜色等；有"味"，包括花香、叶香、果香等；有"声"，如雨打芭蕉、松涛等。在设计上，以观赏整体效果的布置距游人远一点，以观赏个体效果（花形、叶形、花香等）的布置距游人近一点，还可以与建筑、地形等结合，丰富居住区景观。

（4）从整体着眼园林植物种植设计。

在平面上要注意种植的疏密和轮廓线，在竖向上要注意树冠线，开辟透景线，重视植物的景观层次、远近观赏效果。还要考虑种植方式，要处理好与建筑、道路等之间的关系。

5.9.3 植物景观设计步骤

以浙江台州仙居晶都诚园小区宅间绿化为例，植物景观设计可以分为以下 7 个步骤。

1）场地条件分析

分析场地中植物种植的限制因子，如围墙、地下停车库范围、消防登高面、住户开窗位置、采光井等。在这一案例中西侧有围墙围合，地库线穿过场地，北侧住宅楼下有一地库采光井，场地中央有消防登高面，此外，场地中还有变电箱。这些都是场地现有植物种植的限制因子（图5-72）。

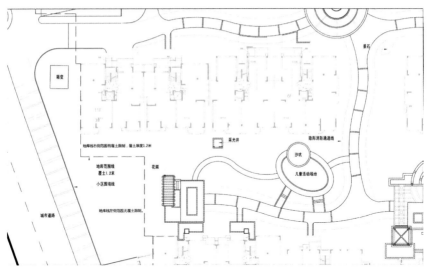

图 5-72　限制因子分析

2）植物分区适宜性分析

在场地分析的基础上，分析各个区域可选择的植物类型与种植形式。如西侧围墙外为城市道路，因此西侧沿围墙处可考虑种植密度大一些，以减弱噪声。箱式变电站周围则用绿篱、灌木球等遮挡美化（图 5-73）。

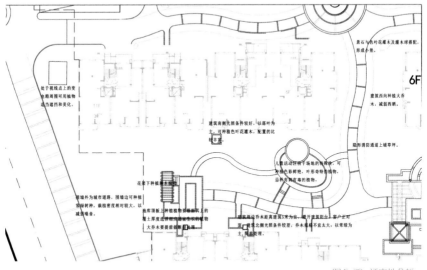

图 5-73　适宜性分析

3）植物种植空间分析

这一过程中，确定场地中乔木、灌木空间以及草坪空间的划分，设定私密空间与开敞空间。在此例中，建筑周围主要以灌木围合。设计时，将消防登高面设置为开敞空间，儿童活动场地用植物遮挡围合，使其具有一定的私密性（图 5-74）。

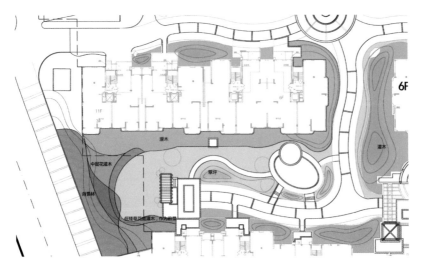

图 5-74　空间分析

4）确定种植轮廓线

乔木是植物种植的骨架，确定了乔木的轮廓线，就基本确定了大的空间效果。此例中，西侧靠围墙处，地下无地库限制，考虑到紧邻城市道路，在划定轮廓线时，设定此处为密植；儿童活动空间基本用乔木包围等（图 5-75）。

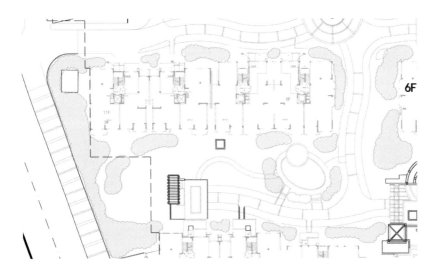

图 5-75　乔市定点

5）上层乔木布置

确定上层乔木树种。此例中，考虑季相变化，合理搭配常绿、落叶、变色树种。常绿树种有香樟、高杆女贞、香橼。落叶乔木有二乔玉兰、香花槐、七叶树。变色树种有银杏、黄山栾树（图 5-76）。

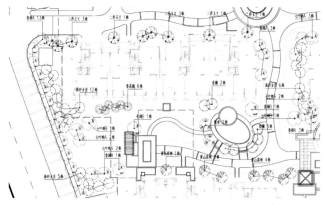

图 5-76　乔市布置平面

6）中层花灌木布置

确定中层花灌木的布置。中层花灌木的种植通过形状、颜色、大小的变化起到点缀的作用。此例中，转角处或视线焦点处往往布置一植物小景，以花灌木搭配景石成景（图 5-77）。

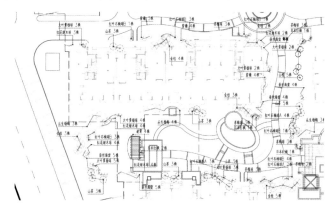

图 5-77　花灌市布置平面

7）下层地被布置

确定下层地被的种植。下层地被铺满非硬质的空间，通过颜色、叶形的变化形成良好的景观效果（图 5-78）。

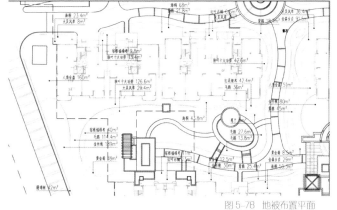

图 5-78　地被布置平面

第6章 案例分析

6.1 镇江驸马山庄小区

6.1.1 基地概况

项目基地位于江苏省镇江市九华山路以东，千禧路以北。北面是 312 国道，东面是农田，西面是驸马山庄二期和连绵的马尾山。基地为马尾山余脉，因基地北部筑坝，形成了人工湖面。基地的地形呈西面、南面高，中部、北部低的走向。基地的西北角和南面中部有规划保护的山林地。基地内湖水清澈，草木繁茂，鱼鸟悠然，生态环境极佳（图 6-1）。

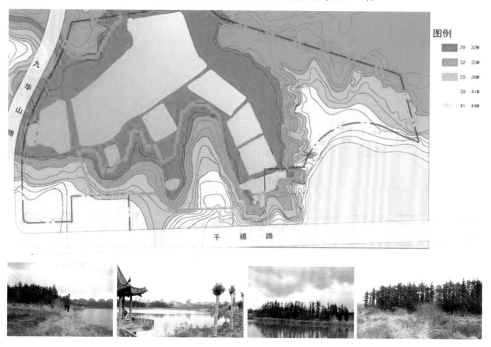

图 6-1 基地现状

6.1.2 小区现有总体规划景观格局评价研究

1）区内住宅整体布局

现有规划由西向东主要分为单体别墅、叠加别墅、高层住宅三个板块，总体布局基本顺应地形的变化（图 6-2）。

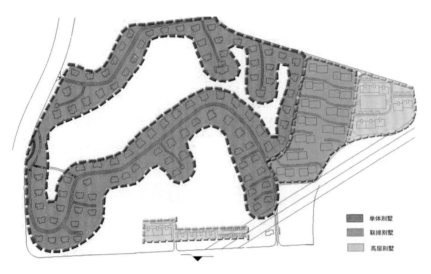

图6-2 区内住宅整体布局

2）水体形态

（1）现有规划保留了驸马湖较大且通长的水面，在沿岸各处都可以形成较开敞的视线通廊（图6-3）。

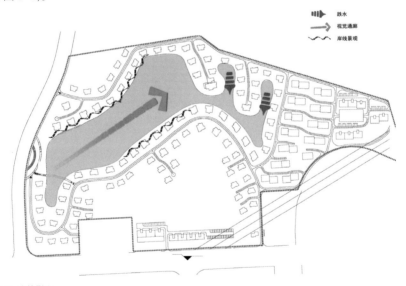

图6-3 水体形态

（2）不足之处是主体水景驸马湖水体形状过于单调，一览无余，缺少空间变化，岸线过于平滑，且沿湖岸多为别墅住宅单调的重复，缺少亮点，容易造成视觉疲劳。

（3）驸马湖东侧新增湖面位于较高地势上，且支流流向与现有地形等高线垂直，会形成不同高度的水面，有利于跌水景观的营造，但水面的整体感会受到一定的影响。大面积的高台水景会导致旱季时景观效果不佳，维护费用也较高。

3）交通及出入口

（1）规划区内主干道贯穿于整个住区，但并不全线贯通，将来会造成使用不便。

（2）规划区有四个出入口，其中千禧路与九华山路各设一个车行入口，九华山路会所位置设一个人行入口和一个车行入口。通过对现有规划布局的研究，认为九华山路出入口主要以单体别墅住户群使用为主，且以车行为主，人行出入较少，因此可以只考虑车行出入口，而千禧路出入口将作为单体别墅、叠加别墅、高层住宅三类住户的共同出入口，叠加和高层住户将带来较大的人流出入，因此此处不但要考虑车行，也要考虑人行，可以考虑人车共用出入口，方便管理。规划区内主干道局部线型过于通直，景观视线较为单调，另外出入口效果较平淡，缺乏景观处理（图6-4）。

图6-4　交通及出入口

4）建筑布局

（1）会所：会所设置既临水又临路，从临路方向看为二层，从临水方向看则为三层，可以满足对小区内、外服务的双重需求。会所位于驸马湖西侧视线通廊尽端，符合景观建筑"看与被看"兼顾的原则。从会所看湖面，视野开阔，景观效果较佳，从湖面看会所，会所恰好是驸马湖西部的对景。但对会所具体建筑形态研究发现，会所布局存在以下缺憾：①用地狭窄，不利于组织交通，很难形成室内外优质的景观环境。②割断了沿九华山路连绵排列单体别墅的空间形态，使得九华山路南北别墅不能连通，在功能和形式上都有不利影响。③从会所看湖面的视线不正，从湖面看会所，所形成的对景也有所欠缺。

（2）单体别墅：沿水排列的单体别墅过于整齐划一，缺少前后左右错落有致的变化，空间序列不够丰富，没有形成较好的景观视觉效果（图6-5）。

5）山体

现有规划上基本没有考虑山体的景观，山体也是本次规划用地的范围，可以在保护、保留、不做大破坏的前提下，适量添加景点，将其作为与湖体同样重要的自然元素加以充分利用，使小区成为一个有山有水的生态雅居（图6-6）。

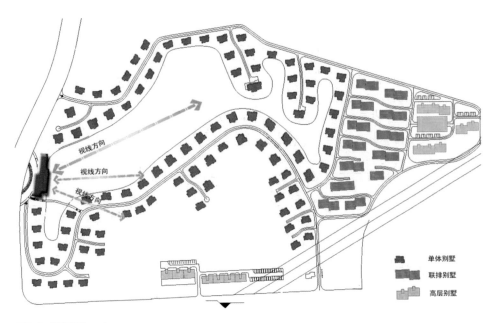

图6-5 建筑布局

图6-6 山体

同时，从生态安全和自然景观的角度来讲，山水应相互连接成一个整体，山水交接处为生态敏感度最高的地区，现有规划占据了所有的生态高度敏感区，完全割断了山水的联系。虽然依山傍水是人们所向往的居住环境，但却破坏了原先自然的景观生态格局，对今后的生态环境可持续发展会有诸多不利影响，具体表现如下：

（1）将会导致山上汇聚的水无法顺利地进入湖体，因此需要接入城市下水管网或经过小区内部管网排入湖体，这样做不仅增加了小区下水管道排水的负担，且不经过生态过滤直接由管网排入湖体可造成湖体水质的破坏，同时在雨季到来之时，大量的山体汇水也会对山下的别墅小区带来安全隐患。

（2）由于生物不能穿越山水相连处，失去水源及栖息地的生物生存会受到一定的影响，局部的生态系统会遭到破坏，不利于山体水域自然环境中的物种保留与保护，同时也会进一步加剧驸马湖水质恶化，甚至发浑产生异味。因此，如不加以重视和改善，规划区自然环境的优势将逐步被削弱，清澈的湖水将逐渐变浑浊。

6）公共景观

原规划单体别墅区内，除会所外几乎没有公共活动空间，公共景观严重缺失且驸马湖周边最好的岸线景观全部为私人所占有，非临水住户没有机会获得亲水空间，公共景观的缺失将会造成小区整体景观质量的下降，同时也不利于小区内开展群体公共活动（图6-7）。

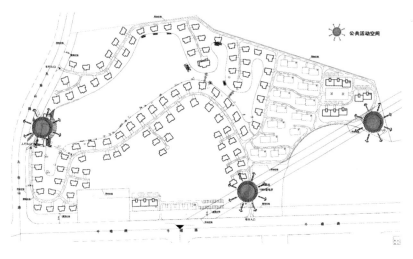

图 6-7　公共景观

6.1.3　景观设计及规划调整思路

1）调整思路

尊重现有规划合理层面，在不减少单体别墅和临水别墅户数、满足整体规划指标的前提下，保留其总体规划结构，局部根据景观做适当调整（图6-8、图6-9）。

● 凯旋门入口景观	● 叠水扶梯	● 安徒生童话乐园	● 亲水平台	● 公主岛	● 喷泉	● 花架
● 映月池	● 假日广场	● 浣花溪	● 栈桥	● 驷马湖	● 会所	● 蝴蝶谷
● 凡尔赛景观大道	● 旱溪花境	● 丹枫小筑	● 幸福岛	● 钟楼广场	● 入口巨石	● 日月潭
● 太阳神雕塑喷泉	● 生命加油站	● 罗马柱廊	● 亭子	● 湖畔钟楼	● 浪琴湾	● 知鸟林

图6-8 总平面

图6-9 鸟瞰

2）水体设计

（1）空间：水体空间的设计忌讳一览无余，绝对面积大不一定给人感觉空间大，在主体水景驷马湖东侧,增加两个墩岛，并设置木栈桥,从而使水面更加富有层次,空间深远(图6-10)。

图6-10 空间

（2）岸线：对单调规整的岸线做自然式的处理，形成有收有放的湖面水体景观，使原有单调的湖景变得活泼起来。

（3）驳岸：水岸尽量做自然式处理，既生态又经济，近岸水深要满足安全要求（图6-11）。

图6-11 驳岸

（4）节点：沿湖增加公共景观节点，一方面满足居民尤其是不临水住户赏景、游憩等公共活动的需要，另一方面这些节点互为对景，形成了湖面景观的亮点（图6-12）。

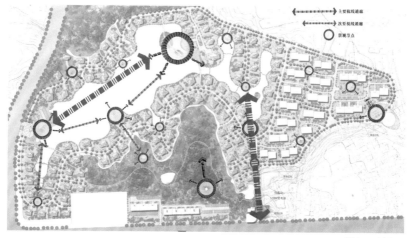

图6-12 节点

3）交通及出入口

（1）规划调整将驸马湖西北角小区道路与会所前广场相连接，从而形成贯穿全区的道路网，方便使用和管理。

（2）在九华山路上结合会所设置车行出入口，以单体别墅住户车行出入为主，同时也满足了会所需要，此出入口不以人行为主，取消了会所以北九华山路的出入口，方便了小区的管理和功能使用；千禧路上出入口由于要考虑人流，因此作为人车共用出入口，并对该入口做加宽和景观处理，形成步行进出和小区窗口形象的景观大道。

（3）主路适当弯曲，从而增加了道路视线的变化，同时又无形中降低了车速，提高了安全度。另外，道路中结合现状特点增加了绿岛等节点景观，增添了道路的风景，使得道路空间有收有放（图6-13）。

图6-13　交通及出入口

4）建筑布局

单体别墅沿湖、沿道路尽量布置得错落有致，这样可以丰富沿湖风景线，尽显自然气息。另外，沿水别墅与内部别墅错开布置，以使内部别墅透过沿水别墅之间观湖（图6-14）。

5）山体

（1）结合景观对山体进行点缀，从而使山体真正成为小区内部花园的一部分。

（2）在山体与驸马湖水体之间建立生态廊道，使山水相通，生物物种可以通过廊道进行迁移，有利于改善水质和保护生物多样性，尽可能地保持良好的生态环境，还能使建设方和业主受益。生态廊道的主要处理手法是在山体与驸马湖最接近处建立水景廊道，把湖水引入山体，和山体直接接触，同时在水景廊道上架桥，使桥下空间成为物种迁移的通道，廊道要尽可能的宽（图6-15）。

（3）沿山体绿线设排水明沟，排水明沟处理为自然的溪流景观，因此，山体的水可经过溪流过滤流入湖体，减少对湖体水质的污染，同时，也减少了对沿山别墅的冲积和雨水侵蚀，还增加了沿山别墅的景观价值（图6-16）。

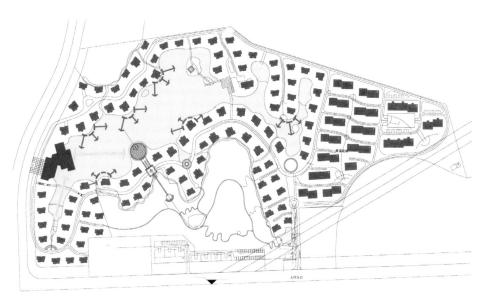

图 6-14　建筑布局

图 6-15　廊道
注：资料来源于《Landscape Ecology Principles in Landscape Architecture and Land-Use Planning》。

245

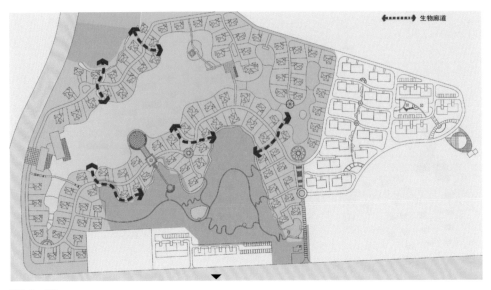

图 6-16 山体

6.1.4 景观策划

1）策划目标

通过赋予小区浓厚的欧陆古典文化内涵，提升楼盘品质，增加卖点。

2）策划概念

景观策划以驸马山庄案名切入主题，就原生态湖山资源，打造具有皇家尊贵气派的欧陆风情园林。

3）策划构想

为了更好地建造一个具有浓厚的欧洲古典意味的花园别墅小区，景观规划中对西方悠久的历史文化及建筑景观风格进行深层次的挖掘与概括，并结合现有的自然资源与人文景观，在小区的景观概念方面上，做出了以下构想：将本基地规划设计成两个大的主题区，分别命名为"水城"和"花城"，且在每个主题区中加入小的景观节点，分别展示其各自的主题特色；"水城"中设置有维也纳音乐广场、绿篱迷宫、金棕榈泳池、阳光草坪、世纪钟楼等景观节点，令园区极具欧陆风情；"花城"则通过茵语花园、夏玫园、白鹭湖、枫丹园、幻彩园、爱丁堡花园等景观节点，将园林自然之美淋漓尽致地展现在每家每院，使其成为一个宁静优美的城市绿洲。将欧洲经典皇家园林与自然山水紧密相连，兼容并蓄，打造出驸马山庄独特的尊贵气质，谱写出了一曲华美居所的动人乐章。

4）典型景点策划

（1）钟楼：高耸挺拔的钟楼是欧陆建筑的一大特色，设置于小区景观中心地带，是整个湖面的视线焦点（图 6-17）。

图 6-17　钟楼

　　（2）会所：对现有会所景观形态进行调整，形成既沿路又沿水的两个体块的组合，沿路体块以满足对外服务为主，沿水体块以满足对内服务为主，既满足了使用需求，又与道路及湖景形成了很好的视线关系。会所临九华山路方向设置广场，既方便人流集散，也方便停车，广场入口设置一块巨石，雕刻小区楼盘案名（图 6-18）。

图 6-18　会所

（3）公主岛：因楼盘名称为驸马山庄，所以水体中增加的岛墩取名为公主岛，增强尊贵感（图6-19）。

图6-19　公主岛

（4）凡尔赛景观大道：千禧路上出入口取名为凡尔赛景观大道，景观设计气势恢宏，体现景观的高贵气质（图6-20、图6-21）。

图6-20　凡尔赛景观大道一

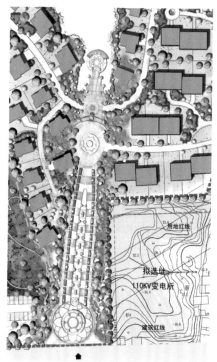

图 6-21 凡尔赛景观大道二

6.2 扬州湖畔御景园小区

6.2.1 项目概况

扬州湖畔御景园位于扬州城北片区，总用地面积为 66 559 平方米。距瘦西湖 5A 级风景区仅 700 米，北临保障湖，南临邗沟风光带，基地景观资源丰富。建筑整体为古朴大气的现代唐风建筑风格，具有中国传统韵味，整个建筑群低调而奢华，洋溢着浓郁的皇家气息。

6.2.2 设计理念

本案采用新中式的景观设计思路，通过对居住区建筑风格的解读和扬州传统文化的认知，重拾扬州传统民居建筑的院落和天井文化（图 6-22），通过四季之境的模拟和建构，唤起居者对扬州个园的追思。于瘦西湖畔精心雕琢别具一格的御景园，营造"幽居个园间，坐拥瘦西湖"的生活情趣（图 6-23、图 6-24）。

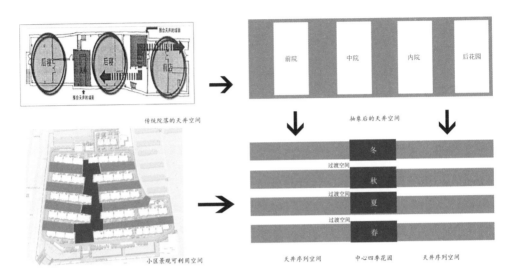

图6-22 院落空间分析

图6-23 小区总平面

图 6-24 小区鸟瞰

　　具体设计时取个园四季假山之立意，将基地中心空间打造成具有四季特征的园林景观——春华、夏荫、秋实、冬韵（图6-25、图6-26）。横向带状的组团空间延续中心主题季节的景象，通过抽象扬州民居院落与建筑的图底关系——方正严谨的天井构图（图6-27），结合隋唐府邸的建造模式，形成宅间前院、中院、内院直至中心后花园的景观设计思路。

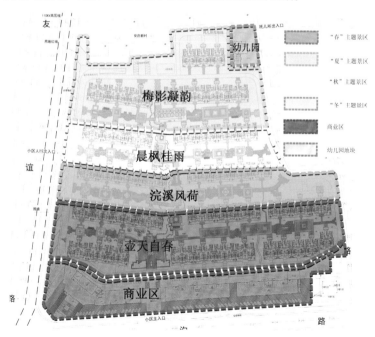

图 6-25 功能分区

图 6-26 交通分析

图 6-27 空间结构分析

6.2.3　景观格局

1）横向宅间空间

抽象古典院落的构成元素，契合建筑盛唐之风的基本基调，重新阐释和演绎院落文化，取严谨方正的天井构图，模拟传统入户的天井空间，打破内外景观的界限，让景观重新成为建筑在外部空间的延续，在纵向上形成前院、中院、内院三进院落（图 6-28），每一进院落在具体景观细部设计时契合一个季节景象的主题，最终进入特定季相的后花园。让居者在不知不觉中既感悟扬州传统天井空间的精妙，畅享古典园林文化典雅的韵味，又能体验个园四季景观的情趣。

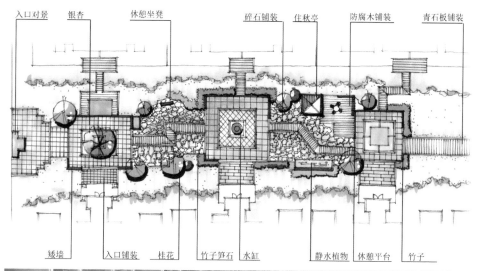

图 6-28　宅间景观

宅间通过不同高度的景墙和竹子围合限定院落空间，围合天井的景墙取古典园林景墙的一般形式，材料的质地和颜色与居住区建筑墙面保持一致。通过小径转折的引导以及景墙、门洞、漏窗的处理，精心构造一幅幅生动的自然画卷。

前院空间一般设置石桌，摆放枝干遒劲的盆景，强化前院空间的庄重感。中院天井在避让交通流线的前提下摆放水缸，模拟传统天井蓄水聚气之功用。内院则较为自由活泼，主要以植物造景为主。方正天井之间的过渡以自由的曲线相连，用个园四季假山对应的石材镶边，契合主题季节景观，刚柔并济。其间设置景观亭、廊架、休闲平台以及棋艺小坐等休闲设施，满足居民日常娱乐休憩的需要。

2）纵向中心空间

在纵向上，中心四季景观抽炼个园四季景象的组成元素，形成住区景观的主要轴线——春华（图6-29、图6-30）、夏荫（图6-31）、秋实（图6-32）、冬韵（图6-33），以浅水、叠石贯穿整个中心空间，于空间节点处构筑亭、廊、轩、榭等景观建筑，采用新中式建筑风格，较古典建筑更为简约，提炼了古典建筑的文化符号，用现代的手法诠释古典园林建筑小品，营造古朴自然而富有新的时代特色的居住环境。

扬州个园冬景处的风音洞以其"冬去春来"的美好寓意而享有盛名，湖畔御景园主入口处的春华园以个园的风音洞为蓝本，通过现代材料和设计手法的表达，作为整个小区主入口的照壁，与结尾的冬韵园景墙遥相呼应，而四个花园之间用来分隔空间的两片景墙则延续宅间景墙的形式，两片景墙间或设置方塘，或栽植高大的点景乔木，通过植物的围合和水系的联通，成为四季花园之间的过渡空间。

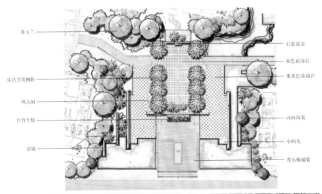

图6-29 主入口春华园景观

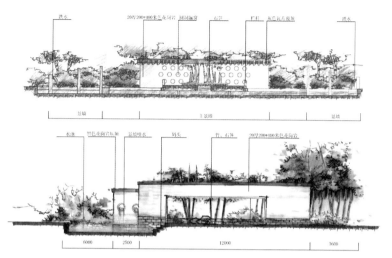

图 6-30　入口景墙设计

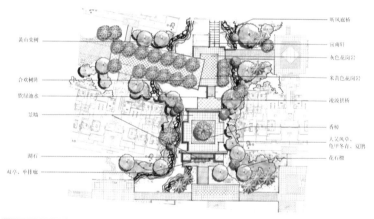

图 6-31　夏萌园景观双亭

黄莲木
透风露月亭
银杏树阵
平桥
小蓬莱
黄石
景墙
景墙

榉树
灰色花岗岩
景墙
米黄色花岗岩
鸡爪槭
金森女贞
树池
枕流廊桥

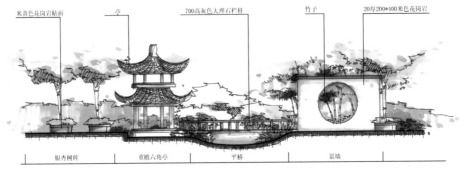

米黄色花岗岩贴面　　亭　　700高灰色大理石栏杆　　竹子　　20厚200*400米色花岗岩

银杏树阵　　重檐六角亭　　平桥　　景墙

图6-32 秋实园景观

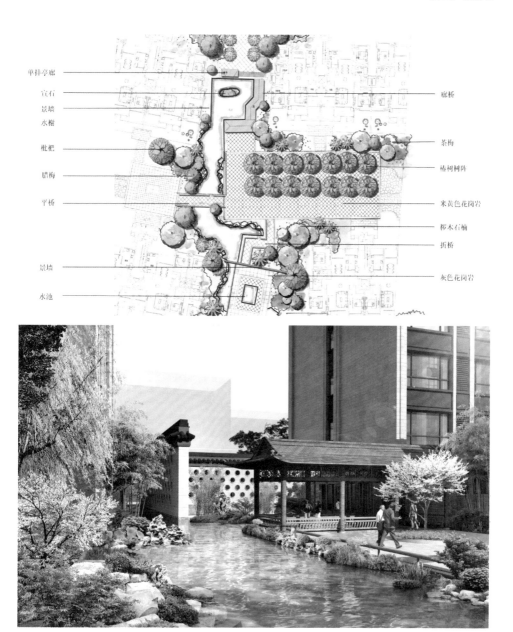

单排亭廊
宣石
景墙
水榭
枇杷
腊梅
平桥

景墙
水池

廊桥

茶梅
椿树树阵
米黄色花岗岩
楞木石楠
折桥
灰色花岗岩

图 6-33　冬韵园景观

　　每一个花园都有特定的季节属性，为了和个园四季假山的立意吻合，春华园多使用象征春意的笋石，结合竹子等植物，比拟生机勃勃的春景。夏景水体的驳岸则使用对应的湖石，玲珑剔透。秋实园多采用粗犷的黄石，或用来作为水体驳岸，或结合秋季植物孤置，自成景观。冬韵园则相应运用稳重的宣石，配合蜡梅等傲雪植物，模拟个园的冬景意境。在横向上，中心景观则成为传统宅院的后花园，在经过前院、中院、内院三进院落之后，作为整个横向景观序列的高潮，一横一纵，四时相生。

　　（3）商业广场

　　商业广场部分主要以精致的硬质铺装为主，方便停车和交通。主入口处的十字路口设置造型别致的叠水景观，结合花坛树池，并穿插中式的矮墙和灯柱，与居住区内部景观设计相呼应（图6-34）。

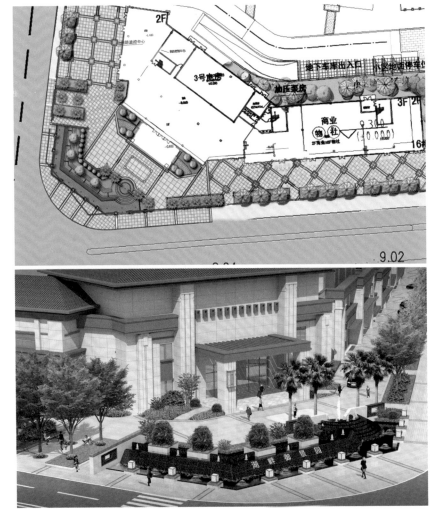

图6-34　商业广场景观

6.3 | 南京名城世家小区

6.3.1 项目背景

小区位于南京雨花台区小行里 198 号，基地具有宁南特色的自然丘陵地貌，景色优美。该地块是城南主城的重要组成部分，周边交通便利，具有得天独厚的区位优势（图 6-35~ 图 6-54）。

图 6-35 小区总平面图

图 6-36 中心景观平面图

图 6-37 中心景观鸟瞰

图 6-38　主入口景观

图 6-39　主入口大叠水

图 6-40　叠水与花坛组景

图 6-41　水边的休闲廊架

图 6-42　中心水景

图 6-43　趣味活动空间

图6-44 水岸景观小品

图6-45 多角度的廊架景观

图 6-46 弧形廊架鸟瞰

图 6-47 亲水平台景观

图 6-48 多角度的廊架景观

图 6-49 弧形廊架内部景观

图6-50 弧形廊架细部景观

图6-51 变化丰富的水岸景观

图 6-52 多视角的水岸景观

图 6-53 次入口处的对景——跌水景亭

图 6-54 水岸边优美的景观雕塑

6.3.2　折中主义景观设计思路

折中主义又称集仿主义，小区景观设计根据楼盘策划并针对小区住户不同群体的审美倾向，大胆采用折中主义设计理念，创造出一个多元化、集仿式的园林景观。在该案例中，从风格特征、空间体验、地形处理、手法创作、植物配置等方面进行糅合集仿，形成一个折中主义的现代小区景观。

1）风格特征

名城世家小区中最为明显的是对于风格的集仿，小区中有中式的亭廊、欧式的喷泉叠水、日式风格的小品置石、新中式的竹境等，这种多元化的风格集仿，形成了典型的折中主义景观。

2）空间体验

小区的景观设计中通过山、水、树木、亭廊等造园要素把整个小区景观进行分隔、围合成大大小小、高高低低的不同空间，从而达到步移景异的景观效果，使居民在穿越这些空间时形成不同的空间感受。有欧式典型的开阔空间、中式细腻的微空间，雕塑带来的视觉空间体验，流水形成的听觉空间体验等，丰富的空间体验更好地诠释了折中主义景观。

3）地形处理

小区景观营造中，叠山挖池，有典型自然化的山水地形构架，也有规则式的台地处理形式，它们相互糅合，形成一个丰富的地形形式，其中以自然式的为主。

4）手法创作

小区景观创作手法多变。设计手法既体现中国古典园林强调的"三境"（物境、情境、意境）的营造，采用借景、障景、虚实结合等手法进行创作，又体现了西方景观创作中所提倡的人本精神、生态设计的手法。多种创作手法的结合，使得小区景观环境优美、科学实用。

5）植物配置

小区景观中在合理选择树种的基础上，采用多种配置方式，有孤植的观赏树、列植的行道树、乔灌草结合的密植、活动的草坪、软化的驳岸绿化等。多样的植物配置形式，能够润色周边环境，形成树林氧吧，使居民享受其中。

6.3.3　景观布局

景点分区包括一个中心景观区，四个组团景观区（主入口景观区、次入口景观区、宅间景观区、商业景观区），两个景观带（规二路沿河景观带、宁芜铁路防护林带）。

1）中心景观区

中心景观区是整个小区景观的精华部分，由水景串联起整个景区，设有叠水瀑布、儿童活动场地、密林小径、弧形构架、小型露天剧场等景点。

2）组团景观区

（1）主入口景观区：该景观区是连接整个小区景观视线的主轴线，是半开敞的景观区域。主入口采用树阵叠水的造景手法，形成类似建筑中厅空间。既形成视线的焦点，又满足了入口的人流集散，很好地组织了交通。入口广场设计树阵、叠水，树池内种植高大挺拔的乔木，配合叠水气势磅礴。

（2）次入口景观区：在规二路沿河景观带的次入口，铺装采用圆形，既具美感，又很好地组织了交通人流，更与溪涧清音的叠水瀑布形成视点轴线，环环相扣。

（3）宅间景观区：这个区域的景观主要以组团绿化为主，延续中心景观区域的设计风格，利用植物的不同季相变化，色彩丰富，春华秋实；采用多变的植物配置方式，形成有起伏、有节奏的生态景观。

（4）商业景观区：这部分的景观以铺装为主，为底层商铺提供开放的经营空间。

3）景观带

（1）规二路沿河景观带：采用开放的景观方式，沿河绿地多植垂柳、碧桃等植物，沿河设计铺装，让人们近距离地享受河岸风光。

（2）宁芜铁路防护林带：这个区域景观的主要功能就是遮挡以及隔离噪声，河道采取封闭的方式，多栽植速生、高大的防护林，减轻铁路噪声的危害。

6.4 合肥格兰云天小区

6.4.1 项目背景

格兰云天住宅小区位于合肥市瑶海工业园区，基地为东西长、南北窄的带状用地。小区建筑以高层、低层为主，沿基地南北侧成排布置。因此，南侧与北侧两排之间的狭长地带构成了小区的中心绿地景观带，面积为 13 000 平方米。

6.4.2 方案比选

根据客户要求，在设计中提供了 2 个方案进行比选。

方案一：自然式的带状溪流水景，以静态休憩活动空间为主（图 6-55）。

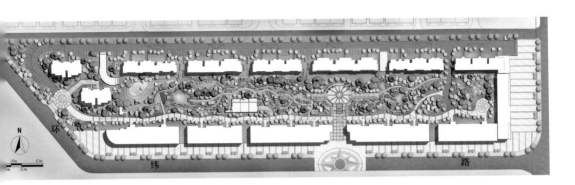

图 6-55 方案一总平面图

方案二：现代风格基础上略偏欧式，水景为块状规则式，活动空间动静相结合。

最终，客户选择方案二作为实施方案（图 6-56~ 图 6-58）。

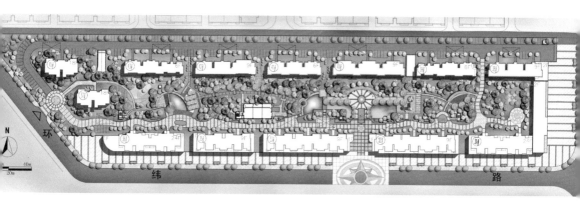

图6-56 方案二总平面图(实施方案)

图6-57 西侧整体鸟瞰

图6-58 中心景观区鸟瞰

6.4.3 实施方案

实施方案根据人们室外的各种活动行为需求，设置了较为丰富的景观内容。

（1）多功能活动广场：正对小区主入口的椭圆形中心广场及休息廊架，为小区居民提供了集中活动空间（图6-59~ 图6-64）。

图6-59 多功能活动广场鸟瞰

图 6-60 多功能活动广场视角一

图 6-61 多功能活动广场视角二

图6-62 多功能活动广场视角三

图6-63 多功能活动广场视角四

图 6-64 多功能活动广场视角五

（2）儿童天地：主入口水景东侧为儿童天地，设置了嬉戏沙坑、滑梯等儿童活动设施（图 6-65）。

图 6-65 儿童游戏空间

（3）看台空间：儿童天地的东侧设计了一个休息看台小型活动空间及单臂廊架，人们在此可以休憩聊天（图6-66、图6-67）。

图6-66　看台空间视角一

图 6-67 看台空间视角二

　　（4）弧形散步道：主入口水景西侧为弧形散步道，沿散步道设置了由四个花坛组合而成的休息小空间，弧形散步道东西两端分别设计了一个现代圆亭及一个框景门作为步道两侧的对景，丰富了这一区域的空间层次（图6-68~图6-71）。

图6-68 弧形散步道对景亭

图6-69 弧形散步道

图 6-70 铺装

图 6-71 坐凳

（5）组合游憩空间：弧形散步道的西侧为小广场、水景、亭组合而成的游憩空间，形成了小区西端景观的又一个亮点（图6-72）。

图6-72 组合游憩空间

6.5 | 南京紫御东方小区

6.5.1 项目概况

基地位于江苏省南京市栖霞区经五路与太新路交汇处，依托长江、幕府山两道生态界面，形成"一带串三心，六组团，多廊道"的格局。项目总用地39 877.2平方米，包括10栋高层住宅建筑，6栋商业建筑，容积率为3.2，绿地率为31.14%。

6.5.2 项目理念

呼应楼盘建筑风格，营造雅而不俗的新古典主义园林风格，景观从造型、材质与楼盘建筑形成和谐统一的整体。

项目景观设计运用现代、简约的设计手法，融合欧式景观元素，创造简约的欧陆风情园林。项目巧用对景、点景等设计手法，植物以绿墙、绿障、绿篱、花境等形式出现，集雕塑、喷泉、廊架等小品于一体，铺装大气简约，倾力营造宁静、浪漫、典雅的小区景观氛围（图6-73~图6-75）。

图 6-73 总平面图

图 6-74 总体鸟瞰

图 6-75　分区平面图

6.5.3　景点分布

1）南入口景观

南入口景观中间的欧式景墙起到框景作用，将后方草坡和植物组团嵌入框中，形成优美图画。两侧花池镶嵌如镜的水面，用灯柱、涌泉、树木倒影来表现灵动的光影效果，整个入口景观被赋予层次丰富的美感和视觉效果。（图 6-76~ 图 6-78）

图 6-76　南入口鸟瞰实景一

图 6-77　南入口鸟瞰实景二

图 6-78　南入口景墙实景

2）中心花园

　　中心花园位于小区中心，为小区景观的主体部分，也是居民进行休闲活动的主要场所。该节点分为"香草天空"花带和"星夜乐园"儿童乐园两部分。"香草天空"花带以花溪景观为特色。乔木树种撑起整个空间，常绿花灌木及地被植物作为骨架，水边种植鸢尾、薄荷、迷迭香、薰衣草等香草植物，散发着清香的水洗石路面步道蜿蜒穿行其间，使人们除视觉享受之外，更在嗅觉和味觉上多角度加深了对香草河的自然印象。草坪上布置汀步、旱溪、花带，满足人们休闲游憩的需要，又与周围欧式景柱、花钵搭配，形成一个大自然的舞台，方便人民生活的同时，也增添其景观的情趣（图 6-79~ 图 6-82 ）。

图 6-79 中心花园鸟瞰实景

图 6-80 香草天空实景一

图 6-81　香草天空实景二

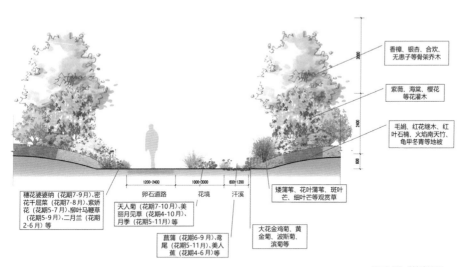

香樟、银杏、合欢、无患子等骨架乔木

紫薇、海棠、樱花等花灌木

毛娟、红花继木、红叶石楠、火焰南天竹、龟甲冬青等地被

穗花婆婆纳（花期7-9月）、密花千屈菜（花期7-8月）、紫娇花（花期5-7月）、柳叶马鞭草（花期5-9月）、二月兰（花期2-6月）等

卵石道路　花境　汗溪

1200-2400　1000-3000　600-1200

天人菊（花期7-10月）、美丽月见草（花期4-10月）、月季（花期5-11月）等

菖蒲（花期6-9月）、鸢尾（花期5-11月）、美人蕉（花期4-6月）等

矮蒲苇、花叶蒲苇、斑叶芒、细叶芒等观赏草

大花金鸡菊、黄金菊、波斯菊、滨菊等

图 6-82　花溪断面

　　"星夜乐园"儿童乐园中，圆形儿童活动场地采用夜光石等拼出卷曲旋转的星云，在晚上点点荧光恰似星空景象，从而营造出充满活力与想象力的活动空间。周围种植紫罗兰、鸢尾等蓝色的植物和孔雀草、万寿菊等黄色的花卉，用鲜明的色彩表示场地的活力与生机（图6-83）。

图6-83 中心景观区

3）北入口景观

北入口景观延续古典欧式建筑风格，讲究轴线工整对称、简洁明快。中间景墙一方面起到障景的作用，另一方面透过镂空的格窗隐约展示后方景色。三层跌落式的花台，给人以古典质朴、气势恢宏之感。廊架配合紫藤以呼应主题，营造出浓厚的迎宾氛围，使整个入口景观获得多层次的丰富美感，达到良好的视觉效果（图6-84、图6-85）。

图6-84　中心景观区

图6-85　叠翠迎宾花台实景

6.6 | 南京摄山星城小区

6.6.1 项目背景

南京摄山星城小区是南京市近年来建设规模较大的保障性住房项目之一，基地位于南京市仙林大学城的东北角，北接宁镇公路、南临桂山路。仙林大学城地处南京市主城区东北，自2001年以来被确定为该市优先发展的区域，其总规划面积为80平方千米，是以教育产业为主，兼具研发中心、商贸服务、高档住宅、新市区功能的综合性大学城。摄山星城小区项目作为仙林大学城相配套的重要拆迁居民安置项目，分为两期开发，其中一期为总用地面积60万平方米的超大型社区，共分六个组团，可安置拆迁居民7000多户（图6-86）。

图6-86 摄山星城小区总平面图
注：资料来源于谷歌地图。

6.6.2 项目面临的挑战

1）景观建设成本有限

由于保障性住房开发利润有限，开发商在小区景观建设上很难投入过多，这就要求在进行景观设计时要考虑成本的因素。保障性住房开发之初就有着诸多局限性，园林景观建设成本有限，后期维护资金不足，制约着小区整体环境的质量。

2）住户对小区环境景观的自觉维护意识淡薄

保障性住房小区的入住群体主要是以低收入家庭、住房困难户为主。南京摄山星城小区的住户主要是因建设大学城而拆迁征地的原当地村民。总的来说他们的收入及受教育程度较低，对小区环境景观的自觉维护意识较差，如建成小区内的绿地变成菜地、小区草坪乱踩等现象很严重。

3）低技艺景观施工队

除了设计之外，专业化园林景观施工队也是达到较佳景观品质的重要保证。一般来说，他们专业素养较高，对园林景观中的一些重要施工环节如地形控制、山石堆叠、绿化配置、道路铺装放线等都有丰富的经验和较高的审美眼光。但是越是专业化的景观施工队，其施工管理、人工等收费越高。因此，保障性住房小区景观建设的低造价往往决定了开发商不得不考虑选择施工粗糙、技艺低下但收费较低的施工队，甚至有时这些施工队非园林景观专业，而是由市政、土建等施工队替代。

4）后期景观维护力度有限

景观需要管理和维护，尤其是绿化部分。绿化是小区景观中的唯一的活体，其效果和功能不是建设竣工就可以体现及发挥的，后期养护和管理的质量，更能发挥其功效。保障性住房小区建成投入使用后，由于物业管理费用较低，其小区的景观设计必须要考虑到后期低成本维护和粗放管理，这也是一个非常具有研究价值的课题。

6.6.3 景观设计原则

保障性住房小区景观是受低造价约束的景观，"少花钱，多办事"是设计此类项目最基本的原则。低造价景观不等于简陋景观，这就要求景观设计师在每一个环节都要考虑降低景观建设成本和后期养护成本的同时，还要考虑如何精心选用低廉而有限的材料创造出较佳品质的景观。在分析了该小区景观项目的以上特点后，我们在设计中有针对性地提出了以下几个方面的景观设计原则。

1）选择"经济"的景观用材与设计形式

在设计中，要做到降低景观造价，很关键的一点就是要控制好景观用材的价格与数量，总的原则是以价格低廉的景观用材作为主要用材使用，价格较高的景观用材作为局部点缀用材使用，具体可以归纳为以下几点：

（1）硬质景观小品少而精，要在满足住户使用功能的基础上做到多用软质的绿化景观。

（2）硬质景观用材中面包砖、素混凝土预制块、广场砖等相对便宜，在设计中可以大量使用。花岗岩等石材的价格较高，在设计中不宜大量使用，可在局部景观中作为点缀。另外，一些园林小品及铺装通过精心设计，采用廉价材料组合使用，往往可形成较丰富的效果（图6-87~ 图6-89）。

（3）废弃材料的使用既可变废为宝从而节约资源，又可降低工程造价。例如，在该小区中，有意识地从建房开山时留下的废旧乱石中选择形状较自然的石头作为点景的景观置石，这样处理既美化了环境也节省了工程费用（图6-90）。

（4）不做人工水景。人工水景无论从建设造价还是后期维护费用，相对于经济适用房小区来说都非常高昂，因此不适合采用。

2）注重景观的"实用性"，少做可看而不能用的景

设计以人为本，这是任何人居环境设计所必须遵循的设计原则。在该小区中，我们注重景观的实用性，营造了不同类型的小型铺装广场以满足老人晨练、儿童玩耍、青年人健身等各类户外活动的需求，同时也设置了许多坐凳及一些休息亭廊小品以供住户室外休息之用，雕塑、装饰墙或其他一些纯为观赏而设置的园林小品基本不用（图6-91）。

图 6-87　廉价的铺装用材铺贴出各种图案一

图 6-88　廉价的铺装用材铺贴出各种图案二

图 6-89　廉价的铺装用材铺贴出各种图案三

图 6-90　建房开山时留下的废旧石头作为点景的景观置石

图6-91 休闲空间

3）注重景观小品设施的耐用性

由于住户对小区环境景观的自觉维护意识淡薄、景观后期管理粗放、小品设施损坏维修不及时等原因，在小区景观中必须考虑园林小品设施的经久耐用。易损及使用寿命较短的小品设施在此类小区中应避免使用。

4）低技艺施工队控制策略

由于该类小区景观施工队技艺粗糙，这就要求设计师在景观设计时一定要考虑施工队现实的专业能力，有些尽管效果较佳，但施工难度及技艺要求较高的设计构思必须放弃。小品及地面铺装设计应以造型简洁、朴素大方、施工方便为基本原则。

5）绿化的树种选择与配置形式注重经济与低成本养护

在设计时尽量要模拟自然生态进行布置，绿化设计时要尽量少种植那些难以养护的植物，这样通过植物的自然生长营造良好的生态环境，而不会给后期的养护带来负担。

树种选择不要片面地追求高档和豪华，更多地是注重植物的配置效果与空间层次。其实植物本身并没有档次高下之分，因此植物的选择上应多选用价格低廉，但色、叶、形较好的树种。植物苗木规格可以适当小一些，注重长期的景观效果，而不是片面追求当前的效果。

"档次"及价格较高、规格较大的树种，可以在重要景观视线处作为点景处理，以起到画龙点睛的作用。

6.6.4　各类绿地景观设计

1）中心组团绿地景观

　　该小区住户多为原当地的村民，在征地以前，他们中的大多数人过着"日出而作，日落而息"的田园式村庄生活，村民之间亲密的户外邻里交流、闲聊是他们生活中重要的一部分。征地以后，他们不再拥有土地，政府给他们安置了新的工作，原有村落居住形态被打破，取而代之的是新的小区式的城市居住生活。作为刚刚经历了"农转非"的城市居民，他们尽管已经开始了新的工作和居住方式，但仍保留固有的村民习惯，其最大的户外行为特点就是仍喜欢像以前一样聚集在一起休憩、闲聊、冬天晒太阳。针对这样的一个特定原因，在小区每一个中心组团绿地都设置了较大的活动广场，广场四周结合花坛设置大量坐凳以方便住户集中活动、休息。广场铺装主要以大面积的面包砖地坪为主，不同颜色的水洗石、卵石、碎拼大理石地坪点缀其中并构成铺装分隔，从而形成丰富的铺装图案效果。广场的中间或四周结合花池种植大树，以营造出林荫空间，方便居民夏日纳凉。另外，在中心组团绿地中还设有廊架或亭等休闲小品，人们可在此进行小范围、近距离的聊天、对话。廊架或亭小品的风格简洁大方，尽量避免繁复造型，这样既可以降低造价，又可以降低施工难度（图 6-92~ 图 6-99）。

图 6-92　中心组团景观一

图 6-93　中心组团景观二

图 6-94　中心组团景廊架

图 6-95　不同视角下的中心组团景观廊架

图 6-96 中心组团景观三

图 6-97 中心组团景观墙体分隔空间

图 6-98 中心组团景观铺装

图 6-99 中心组团景观四

2）交通路口及拐角处的景观节点

交通路口及拐角处的景观节点一般处于小区景观中的视线焦点或小区组团道路的对景处，对小区景观的整体形象起到重要作用，其造景手法多以点景为主。设计中通过前景、中景、背景的三个层次组合，再通过各种植物的不同颜色和质地精心搭配从而获得较佳的视觉效果。具体做法一般是首先利用"主体升高"的手法通过加厚土方把此处地形抬高，形成凸起的微地形，继而点植2~3株叶、形俱佳的大乔木或竹林形成背景，大乔木或竹林前种植色叶小乔木或大的花灌木构成中景，中景前孤置或群置自然山石，并配以片植色叶小灌木或多年生花卉形成前景（图6-100）。

图6-100　交通路口景观节点

3）宅间绿地景观及小区道路旁的植物造景

该小区一期项目以多层住宅为主，考虑到对住户采光的影响，东西向宅间绿地路旁两侧以落叶乔木或树形较小的常绿乔木为主要行道树，如合欢、栾树、青槐女贞、杜英等。在宅间绿地空间比较宽敞的位置，片植乔木林，如樱花林、棕榈林、红枫林等，林下适当丛植花灌木和植物色带，如红花檵木、红叶石楠等，从而使整个宅间绿地丰富不单调。

南北向道路两侧行道树可采用常绿大乔木，如香樟、广玉兰等，对住户的采光影响不大。常绿行道树之间可种植落叶花灌木，如紫薇、海棠、碧桃等，从而使得常绿与落叶树种能够合理搭配。南北向山墙间的宅间绿地可片植树林或竹林，林下草地上间或铺设素混凝土踏步石，以形成"曲径通幽"的效果（图 6-101、图 6-102）。

图 6-101　宅间绿地植物造景

图 6-102 小区道路植物造景

4）商铺环境景观

　　小区一期项目中每个组团都有部分住宅楼底层作为商铺使用，商铺的环境景观既要考虑人流的集散交通，又要考虑少量行人的休息。因此，在具体景观设计中，商铺前一般都设置作为商业空间之用的硬质铺装广场以集散人流，铺装广场与小区道路之间适当布置花池以形成空间分隔，花池壁沿铺装广场一侧设置坐凳面以满足少量的行人休息。

参考文献

[1] [英]凯瑟琳·迪伊. 景观建筑形式与纹理 [M]. 周剑云，唐孝祥，侯雅娟等译. 杭州：浙江科学技术出版社，2004.

[2] 蔡强. 居住区景观设计 [M]. 北京：高等教育出版社，2010.

[3] 城市园林绿地规划编写委员会. 城市园林绿地规划与设计 [M]. 北京：中国建筑工业出版社，2006.

[4] 方咸孚. 居住区儿童游戏场的规划与设计 [M]. 天津：天津科学技术出版社，1986.

[5] 费卫东. 居住区景观规划设计的发展演变 [J]. 华中建筑，2010(8)：28-32.

[6] 封云，林磊. 公园绿地规划设计 [M]. 北京：中国林业出版社，2004.

[7] 广州普邦园林公司. 普邦园林作品集 [M]. 贵阳：贵州科技出版社，2008.

[8] 郭淑芬，田霞. 小区绿化与景观设计 [M]. 北京：清华大学出版社，2006.

[9] 韩秀茹，刘志成，何跃君. 论现代居住区景观设计 [J]. 广东园林，2006(8)：12-14.

[10] 华怡建筑工作室. 住宅小区环境设计 [M]. 北京：机械工业出版社，2002.

[11] 黄东兵. 园林规划设计 [M]. 北京：中国科学技术出版社，2003.

[12] 住房和城乡建设部住宅产业化促进中心. 居住区环境景观设计导则 [S]. 北京：中国建筑工业出版社，2009.

[13] 中华人民共和国建设部. 城市绿地设计规范（GB 50420—2007）[S]. 北京：中国计划出版社，2007.

[14] 中华人民共和国建设部. 城市居住区规划设计规范（GB 50180—1993）[S]. 北京：中国建筑工业出版社，2002.

[15] 建筑设计资料集编委会. 建筑设计资料集 [S]. 北京：中国建筑工业出版社，1994.

[16] 金涛，杨永胜. 居住区环境景观设计与营建 [M]. 北京：中国城市出版社，2003.

[17] 李汉飞. 环境为先巧在立意——浅谈居住区环境景观设计 [J]. 中国园林，2002(02)：11-12.

[18] 李映彤. 居住区景观设计 [M]. 北京：清华大学出版社，2011.

[19] 吕琦. 景观设计教程：居住小区 [M]. 杭州：浙江人民美术出版社，2008.

[20] 马涛. 居住环境景观设计 [M]. 沈阳：辽宁科学技术出版社，2000.

[21] 苏晓毅. 居住区景观设计 [M]. 北京：中国建筑工业出版社，2010.

[22] 同济大学建筑城规学院. 城市规划资料集第七分册 [S]. 北京：中国建筑工业出版社，2005.

[23] 汪辉，胡晓琴. 浅谈经济适用房小区景观设计——以南京摄山新城小区一期项目为例 [J]. 住宅科技. 2009(10)：42-45.

[24] 汪辉，刘晓伟，薛峰. 居住小区售楼处景观设计浅析——以南京名城世家小区售楼处花园为例 [J]. 住宅科技. 2012(03)：7-10.

[25] 汪辉，吕康芝. 浅谈居住小区入口的景观设计 [J]. 林业科技开发，2008(05)：113-115.

[26] 汪辉，汪松陵. 园林规划设计 [M]. 北京：化学工业出版社，2012.

[27] 汪辉，张艳. 浅析新中式居住小区景观设计——以扬州湖畔御景园小区为例 [J]. 广东园林. 2013(03)：42-45.

[28] 王国勇，尚娜. 公共设施设计 [M]. 长沙：湖南大学出版社，2006.

[29] 王浩，谷康，严军，等. 园林规划设计 [M]. 南京：东南大学出版社，2009.

[30] 王健. 城市居住区整体环境设计研究——规划·景观·建筑 [D]. 北京：北京林业大学，2008.

[31] 王晓俊. 风景园林设计 [M]. 南京：江苏凤凰科学技术出版社，2009.

[32] 王仲谷，李锡然. 居住区详细规划 [M]. 北京：中国建筑工业出版社，1984.

[33] 杨松龄. 居住区园林绿地设计 [M]. 北京：中国林业出版社，2001.

[34] 杨学成，林云. 居住区园林在绿色住区建设中的地位和作用 [J]. 广东园林，2011(4)：8-11.

[35] 叶徐夫，刘金燕，施淑彬. 居住区景观设计全流程 [M]. 北京：中国林业出版社，2012.

[36] 袁傲冰. 居住区景观设计 [M]. 长沙：湖南师范大学出版社，2007.

[37] 赵兵. 园林工程 [M]. 南京：东南大学出版社，2003.

[38] 朱建达. 小城镇住宅区规划与居住环境设计 [M]. 南京：东南大学出版社，2001.

[39] Wenche E.Dramstad, James D.Olson, Richard T.T.Forman. Landscape Ecology Principles in Landscape Architecture and Land-Use Planning[M]. Washington D.C.:Island Press,1996.